Joachim Herting

Einnahmen-überschuss-rechnung

Gewinnermittlung, Steuerplanung und Betriebsplanung

2. Auflage, angepasst an das seit Anfang 2005 geltende amtliche Formular

POCKET BUSINESS

Cornelsen

Der Autor
Joachim Herting ist selbstständiger Managementtrainer und -berater. Er ist spezialisiert auf General Management und Controlling, insbesondere in kleinen und mittleren Unternehmen.

Die im Buch angegebenen Internetadressen entsprechen dem Stand bei Drucklegung. Da das Internet sehr schnelllebig ist, kann es sein, dass einige der angegebenen Adressen nicht mehr gültig sind. Wir können auch nicht ausschließen, dass unter einer solchen Adresse inzwischen ein ganz anderer Inhalt angeboten wird. Daher distanzieren wir uns hiermit vorsorglich von den Inhalten aller verlagsfremden Internetseiten, zu denen die in diesem Buch genannten Links führen.

Verlagsredaktion: Annette Preuß/Christine Ewers
Grafik und technische Umsetzung: Holger Stoldt, Düsseldorf
Umschlaggestaltung: Katrin Nehm
Titelfoto: © Steve Cole / Getty Images / Photodisc

Cornelsen online www.cornelsen-berufskompetenz.de

2. Auflage Druck 4 3 2 1 Jahr 08 07 06 05

Druck: Druckhaus Berlin-Mitte

ISBN 3-589-23420-2

Bestellnummer 234202

Gedruckt auf säurefreiem Papier, umweltschonend hergestellt aus chlorfrei gebleichten Faserstoffen.

Vorwort zur 2. Auflage

Die in den letzten Jahren deutlich angestiegene Zahl von selbstständigen Gewerbetreibenden und Freiberuflern zeugt von den Chancen unternehmerischer Berufstätigkeit.

Eine wesentliche Erfahrung unserer Beratungspraxis ist: Erfolgreiche Selbstständige planen ihre Zahlen häufig selbst, beschäftigen sich mit ihnen und kennen somit die Ursachen ihres finanziellen Erfolgs sehr genau. Andererseits weist die Entwicklung der Insolvenzen weiterhin auch auf die wirtschaftlichen Risiken dieser Berufsgruppen hin. Als typische Ursachen können wir festmachen:

- Die ausschließliche Orientierung an den Erfordernissen des Finanzamts und ein damit einhergehendes, starkes und einseitiges Vertrauen auf den eigenen Steuerberater.
- Eine gewisse Unlust, das eigene Geschäft zahlenorientiert zu führen.

Tatsächlich lässt es sich sogar durch allgemein zugängliche Statistiken wie diejenigen der Kreditanstalt für Wiederaufbau belegen: Erfolgreiche Unternehmen haben ihre Zahlen selbst im Griff, rechnen nach und planen, und das nicht nur für das Finanzamt.

Insofern möchte Sie das vorliegende Buch ermuntern, Ihre Zahlen zunächst einmal selbst aufzubereiten, und zwar gleich mit mehrfachem Nutzen:

- Sie erstellen eine Abrechnung für das Finanzamt, und zwar gemäß den Regeln der neuen, seit 1.1.2005 geltenden amtlichen Vorlage.
- Sie kontrollieren Ihre Ergebnisse und planen für die Zukunft.
- Sie analysieren den betriebswirtschaftlichen Erfolg Ihres Geschäfts.

Auch wenn das neue Formular eine gewisse Hürde darstellt, die Einnahmenüberschussrechnung ermöglicht insbesondere kleinen Unternehmen und Freiberuflern, die finanziellen Vorgänge zu verstehen und zu beherrschen.

Als spezialisierte Berater und Trainer für kleine und mittlere Unternehmen begleiten wir häufig Unternehmer und Unternehmerinnen von der Gründung bis in die ersten Jahre der Selbstständigkeit. Uns ist bewusst, dass wir immer nur einen Ausschnitt des unternehmerischen Lebens erfassen – aber es ist etwa wie beim Arzt: Sind wichtige Werte richtig erfasst und gedeutet, so können schnell auch Wege zu einer weiteren gesunden Entwicklung gefunden werden.
Für Anregungen hierzu – und zu allen weiteren Bedingungen für den Erfolg von kleinen und mittleren Unternehmen – sind wir immer offen, schreiben Sie uns einfach, wenn Sie Fragen haben.
Besuchen Sie auch die Website des Autors: Dort finden Sie unter „Service" weitere Hilfsmittel für Ihre Einnahmenüberschussrechnung.

Im Juni 2005 J. Herting

Zusatzinformationen zu diesem Buch finden Sie im Internet unter www.herting.biz (→ Service).
Den Autor erreichen Sie unter post@herting.biz.

Inhaltsverzeichnis

Einführung

Die Bedeutung der Einnahmenüberschussrechnung

Selbstständige und kleine Unternehmen sind in besonderer Weise darauf angewiesen, ihre wirtschaftliche Situation im Auge zu behalten. Geradezu überlebenswichtig ist die genaue Beantwortung von alltäglichen Fragestellungen nach der Höhe des Umsatzes, den entstandenen Aufwendungen und dem Gewinn. Besonders interessant ist es, nicht nur die bereits angefallenen Werte festzustellen, sondern auch deren mögliche Entwicklung für die nähere Zukunft einzuplanen.
Diese und weitergehende Fragestellungen für die erfolgsorientierte betriebswirtschaftliche Führung eines kleinen Unternehmens oder im Rahmen einer selbstständigen Tätigkeit sind nur dann zufrieden stellend zu beantworten, wenn dem Unternehmer bzw. der Unternehmerin ausreichende Informationen über die finanziellen Abläufe zur Verfügung stehen. Während in größeren Unternehmen hierfür Instrumente wie eine doppelte Buchführung oder sogar ein ausgebautes Controlling der Kosten und Umsätze genutzt werden, führen Selbstständige und kleinere Unternehmen nur selten derartige Verfahren ein, da sie diese entweder gar nicht kennen oder für zu aufwendig halten.
In diesem Buch wird Ihnen nun die Einnahmenüberschussrechnung vorgestellt. Dieses einfache Instrument gibt Ihnen die entscheidende Hilfestellung bei Ihrer finanziellen Steuerung. Es handelt sich hier von der Grundidee her um die strukturierte Gegenüberstellung der für einen Abrechnungszeitraum angefallenen Einnahmen und Ausgaben. Deren Differenz ergibt den Überschuss eines Unternehmens, mit anderen Worten den Gewinn.
Nicht nur weil der Gesetzgeber im Rahmen jeder Einkommensteuererklärung eine derartige Auflistung einfordert, seit 1.1.2005 sogar in einem eigens dafür neu geschaffenem For-

mular, sondern auch durch die Nutzung dieses Instruments für die Steuerung aller Zahlungen und der Planung von Aufwänden und Gewinnen ist es für jeden Selbstständigen und für viele kleine Unternehmen sinnvoll, sich genauer mit der Einnahmenüberschussrechnung zu befassen.
In der täglichen Praxis zeigt sich jedoch, dass sich viele Selbstständige und kleine Unternehmen in der Erfassung und damit auch der Steuerung der finanziellen Abläufe ausschließlich auf ihren Steuerberater verlassen. Problem: Da dieser eine Einnahmenüberschussrechnung immer in einem Zeitraum von bis zu zwei Jahren nach Abschluss des jeweiligen Geschäftsjahres erstellt, kann diese wenig zeitnah für Steuer- und weitergehende betriebswirtschaftliche Planungen genutzt werden. Insofern:

> Wenn Sie für sich und Ihr Unternehmen jetzt und für die nähere Zukunft Klarheit über die wirtschaftliche Situation gewinnen möchten, ist es ratsam, sich selbst mit dem Instrument der Einnahmenüberschussrechnung vertraut zu machen.

Deshalb wird im Folgenden dreierlei behandelt:

- Zunächst werden Sie die Grundlagen einer einfachen und nur mit geringem Aufwand durchzuführenden Buchhaltung für Selbstständige und kleine Unternehmen kennen lernen.
- Anschließend erfahren Sie, worauf Sie bei deren Erstellung für das Finanzamt besonders achten sollten und wie Sie selbst für Ihre Steuerplanung von der Einnahmenüberschussrechnung profitieren. Im Vordergrund steht dabei das „Handling“ der ab 1.1.2005 geltenden amtlichen Vorlage.
- Sodann werden Sie mit den Grundlagen für eine weitergehende Nutzung der Einnahmenüberschussrechnung für die betriebswirtschaftliche Steuerung Ihres Unternehmens bekannt gemacht. Kalkulationshilfen werden die unmittelbare Umsetzung in Ihrem Unternehmen erleichtern.

Dieses Buch wendet sich an alle Selbstständige, Inhaber kleiner Unternehmen und insbesondere alle so genannten Freiberufler. Deren Anteil an den Selbstständigen hat in den letzten Jahren stetig zugenommen: Inzwischen sind gut 20 % der rd. vier Millionen Selbstständigen Freiberufler – das sind über 800.000 Personen. Besondere Freiberuflerdomänen sind dabei alle beratenden Berufe. Aber auch in Werbeagenturen, Architektur- und Ingenieurbüros sowie im weiten Bereich von Kultur, Presse und EDV finden sich hohe Freiberufleranteile.

Wenn Sie also auch zur Gruppe derjenigen gehören, für die es möglich ist, auf die Erstellung eines Jahresabschlusses in Form von Bilanz und Verlustrechnung zu verzichten, dann sollten Sie das hier vorgestellte Instrument der Einnahmenüberschussrechnung wählen. Alles Wesentliche hierzu erfahren Sie im Folgenden. Neu ist, dass der Gesetzgeber zum ersten Mal seit vielen Jahren eine feste Form vorgibt, an die es sich zu gewöhnen gilt.

1 Buchführung „light“

Die Erstellung einer Einnahmenüberschussrechnung ist leichter als häufig gedacht

1.1 Einnahmen und Ausgaben „einfach“ ermitteln

„Der Erfolg will nicht bloß am Pulte berechnet sein!“, sagt Thomas Buddenbrook in Thomas Manns großem Kaufmannsroman zu einem seiner Geschäftsfreunde und wehrt sich damit gegen die bereits spürbare Bürokratisierung der kaufmännischen Verwaltung. Allerdings hätte er sicherlich nicht bestritten, dass es für jeden Selbstständigen wichtig ist, seine Einnahmen und Ausgaben zu kennen, um auf dieser Basis den Erfolg zu planen. Redet man über Einnahmen und Ausgaben des Unternehmers, ist es sinnvoll, die in der Umgangssprache häufig nebeneinander gebrauchten Begriffe „Einnahmen“, „Einzahlungen“ oder sogar „Erträge“ genauer voneinander abzugrenzen. Nur so wird es dann möglich sein, den „Erfolg genauer zu berechnen“.

Die Betriebswirtschaft grenzt auf der Einkommensseite folgendermaßen ab:

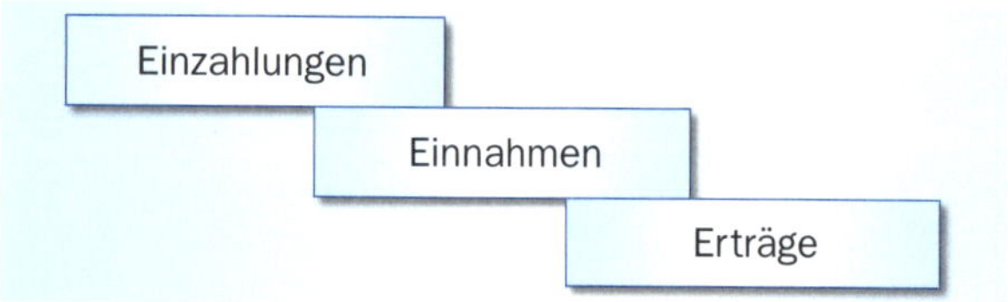

Einzahlungen, Einnahmen, Erträge

- Einzahlungen: Hierbei handelt es sich um Zahlungsvorgänge; Beispiel: Unser Kunde bezahlt bar.
- Einnahmen: Hier entstehen Zahlungsansprüche; Beispiel: Wir senden unserem Kunden eine Rechnung.

- Erträge: Hier gewinnt unser Vermögen an Wert; Beispiel: Alle Umsätze eines Jahres.

Eine entsprechende Unterscheidung gilt für die Verwendung von finanziellen Mitteln:

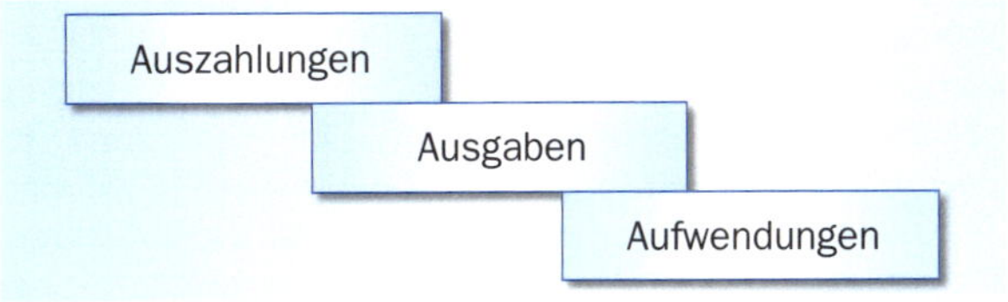

Auszahlungen, Ausgaben, Aufwendungen

- Auszahlungen: Hierbei handelt es sich um Zahlungsvorgänge; Beispiel: Unser Lieferant wird bar bezahlt.
- Ausgaben: Hier entstehen Zahlungsansprüche; Beispiel: Wir erhalten von einem Lieferanten eine Rechnung.
- Aufwendungen: Hier verliert unser Vermögen an Wert; Beispiel: Alle Materialverbräuche eines Jahres.

Die Abbildungen deuten es an: Die Begriffe können, müssen aber nicht zusammenfallen. So sind z. B. Einnahmen nicht immer mit Einzahlungen verbunden; nicht jede Einnahme ist auch ein Ertrag. Umgekehrt gilt auch: Nicht jede Auszahlung ist eine Ausgabe und nicht jeder Aufwand ist automatisch mit einer Ausgabe verbunden.

Testen Sie sich, indem Sie folgende Beispiele zuordnen (die Lösung finden Sie auf der folgenden Seite):

a) Wir weisen eine bereits zugegangene Rechnung an.
b) Wir bezahlen eine Rechnung direkt bar.
c) Wir erhalten eine Rechnung für eine Materiallieferung.
d) Das Finanzamt überweist zu viel gezahlte Mehrwertsteuer.
e) Wir verkaufen Ware bar.
f) Wir stellen eine Leistung in Rechnung, Zahlungsfrist acht Wochen.
g) Wir verbrauchen das gelieferte Material.

Lösung: a) Auszahlung/Aufwand; b) Auszahlung/Aufwand; c) Ausgabe; d) Einzahlung; e) Einzahlung/Ertrag; f) Einnahme; g) Aufwand.

Durch einfache Subtraktion aller Auszahlungen von den Einzahlungen bzw. aller Ausgaben von den Einnahmen kann ermittelt werden, ob ein Unternehmen zahlungsfähig ist. Ein- und Auszahlungen bestimmen also kurzfristig unsere Zahlungsfähigkeit, genauso die Einnahmen und Ausgaben, letztere allerdings nur innerhalb der gesetzten Zahlungstermine. Es liegt auf der Hand, dass es gerade für Selbstständige und kleine Unternehmen wichtig ist, die jederzeitige Zahlungsfähigkeit zu gewährleisten. Dies ist nur möglich, wenn folgende Bedingung eingehalten wird:

> Summe aller Einzahlungen/Einnahmen > Summe aller Auszahlungen/Ausgaben

Vorsicht: Einzahlungen sind bares Geld, Einnahmen können auch auf sich warten lassen! Erträge und Aufwendungen beschreiben hingegen, ob sich unser Vermögen verändert hat. Wenn die Erträge die Aufwendungen überwiegen, so erwirtschaften wir einen Überschuss (Gewinn), im umgekehrten Fall Verluste.

> Summe der Erträge – Summe der Aufwände
> = Gewinn/ Verlust

Die beschriebene Unterscheidung ermöglicht also, Zahlungsfähigkeit und Gewinnerzielung durch einfache Additionen und Subtraktionen zu ermitteln. Die Einnahmenüberschussrechnung stellt nun ein Schema dar, welches diese betriebswirtschaftliche Steuerungsaufgabe systematisiert. Gleichzeitig und für viele Unternehmer sogar vorrangig dienen Einnahmenüberschussrechnungen aber auch der Ermittlung des zu versteuernden Gewinns.

Von allen so genannten Freiberuflern und einer Reihe anderer Selbstständiger erwartet der Gesetzgeber keine „doppelte" Buchführung, sondern eine Gewinnermittlung lediglich auf

Basis der Einnahmenüberschussrechnung. Alle Vorgänge werden nur „einfach" verbucht. Eine Gegenbuchung wie in der „doppelten" Buchführung findet nicht statt.
Im § 4 Absatz 3 des Einkommensteuergesetzes heißt es nämlich: *„Steuerpflichtige, die nicht aufgrund gesetzlicher Vorschriften verpflichtet sind, Bücher zu führen und regelmäßig Abschlüsse zu machen, und die auch keine Bücher führen und keine Abschlüsse machen, können als Gewinn den Überschuss der Betriebseinnahmen über die Betriebsausgaben ansetzen."*

Der Gesetzgeber macht es sich also leichter und differenziert nicht zwischen Zahlungs- und Gewinnvorgängen. Für ihn ist der Gewinn die Differenz aller zu- bzw. abgeflossenen Auszahlungen eines Jahres, unabhängig davon, ob es sich tatsächlich um Erträge oder Aufwendungen handelt:

> Summe der zugeflossenen Einnahmen – Summe der abgeflossenen Ausgaben = Gewinn/Verlust

Dieses so genannte Zu- und Abflussprinzip umfasst alle Zahlungen, unabhängig von ihrer Veranlassung. Somit fallen auch Vorschüsse und Teilzahlungen und selbst Rückzahlungen für zu viel gezahlte Mehrwertsteuer unter die Einnahmen, umgekehrt aber auch gezahlte Mehrwertsteuer und alle sonstigen, betrieblich veranlassten Zahlungen unter die Ausgaben. Für die oben genannten Beispiele gilt: a) und b) sind steuerlich gesehen Ausgaben, d) und e) Einnahmen.
Dieser für das Rechnungswesen durchaus charakteristische Unterschied in der Gewinnermittlung erklärt sich aus den unterschiedlichen Zielsetzungen: Während es in der betriebswirtschaftlichen Analyse um eine Feststellung des Überschusses, vorher aber der Zahlungsfähigkeit geht, steht im Mittelpunkt der steuerlichen Betrachtungsweise ausschließlich die Ermittlung des Gewinns als Grundlage für die Berechnung der Steuer. Die für das Finanzamt zu erstellende Einnahmenüberschussrechnung stellt also eigentlich nur Einzahlungen und Auszahlungen eines Wirtschaftsjahres gegenüber und ermittelt als de-

ren Differenz den Gewinn. Wenn das Steuerrecht hierbei trotzdem von Einnahmen und Ausgaben spricht, liegt dem ein wichtiger Grundsatz der gesamten Buchführung zugrunde: Keine Buchung ohne Beleg!
Wie oben erläutert, sind Einnahmen und Ausgaben ja mit Rechnungen oder anderen Belegen verbunden, und die erwartet der Gesetzgeber hier sogar zwingend. Erst dann, wenn die in Rechnung gestellten Beträge tatsächlich geflossen sind, können diese allerdings auch in die steuerliche Einnahmenüberschussrechnung eingestellt werden.

Trotz aller begrifflichen Abgrenzungsprobleme: Die Erstellung einer Einnahmenüberschussrechnung ist leichter als häufig gedacht. Im Folgenden wird zunächst die Frage geklärt, wer seinen Gewinn auf diesem Weg ermitteln darf oder soll. Anschließend wird das Formular vorgestellt, in das nach dem Willen der Finanzverwaltung seit dem 1.1.2005 alle belegbaren Ein- und Ausgaben eingestellt werden.

1.2 Einnahmenüberschussrechnung oder doch Bilanz?

Vielen Selbstständigen bereitet es auf Dauer wenig Kopfzerbrechen, den Gewinn – oder den Verlust – auf Basis einer Einnahmenüberschussrechnung zu ermitteln. Die Alternative, der komplette Jahresabschluss mit Bilanz und Gewinn- und Verlustrechnung, wird hingegen als erklärungsbedürftiger empfunden.

Vor der endgültigen Entscheidung für eine Methodik müssen zunächst die folgenden Fragen beantwortet werden:

1. Darf ich überhaupt eine Einnahmenüberschussrechnung für die Ermittlung des steuerlichen Gewinns anfertigen oder muss ich doch bilanzieren?
2. Soll ich freiwillig eine Einnahmenüberschussrechnung erstellen, obwohl ich bilanzierungspflichtig bin?

Darf ich?

Der Gesetzgeber beschränkt die Nutzung der Einnahmenüberschussrechnung für die steuerliche Gewinnermittlung eindeutig auf Freiberufler und in bestimmten Fällen auch auf landwirtschaftliche Betriebe. Deren wirtschaftliche Größe definiert er in § 141 der Abgabenordnung über die Kenngrößen Umsatz und Gewinn; es gilt:

> Nur wer weniger als 350.000 € Umsatz bzw. 30.000 € Gewinn jährlich erzeugt, ist nicht bilanzierungspflichtig.

Für Unternehmer, die maximal 17.500 € Einnahmen im Jahr erzielen, besteht weiterhin die Möglichkeit, eine formlose Einnahmenüberschussrechnung abzugeben. Freiberufler dürfen immer, d.h. unabhängig von ihrem aktuellen Umsatz oder Gewinn, eine Einnahmenüberschussrechnung erstellen. Entgegen dem umgangssprachlichen Verständnis um „freie Mitarbeiter“ kennt der Gesetzgeber eine klare Abgrenzung derartiger Tätigkeiten. So definiert § 18 EStG Abs. 1:

„Einkünfte aus selbstständiger Arbeit sind

1. *Einkünfte aus freiberuflicher Tätigkeit. Zu der freiberuflichen Tätigkeit gehören die selbstständig ausgeübte wissenschaftliche, künstlerische, schriftstellerische, unterrichtende oder erzieherische Tätigkeit, die selbstständige Berufstätigkeit der Ärzte, Zahnärzte, Tierärzte, Rechtsanwälte, Notare, Patentanwälte, Vermessungsingenieure, Ingenieure, Architekten, Handelschemiker, Wirtschaftsprüfer, Steuerberater, beratenden Volks- und Betriebswirte, vereidigten Buchprüfer (vereidigten Bücherrevisoren), Steuerbevollmächtigten, Heilpraktiker, Dentisten, Krankengymnasten, Journalisten, Bildberichterstatter, Dolmetscher, Übersetzer, Lotsen und ähnlicher Berufe. [...]*
2. *Einkünfte aus sonstiger selbstständiger Arbeit, z. B. Vergütungen für die Vollstreckung von Testamenten, für Vermögensverwaltung und für die Tätigkeit als Aufsichtsratsmitglied. [...]“*

Tipp: Prüfen Sie sorgfältig, ob Sie wirklich Freiberufler sind.

Merkmale hierfür sind:

- die selbstständig ausgeübte Tätigkeit:
  - als Wissenschaftler: Hier werden von Ihnen gutachterliche Tätigkeiten, aber nicht regelmäßig neue Forschungsergebnisse erwartet.
  - als Künstler: Im Gegensatz zum Handwerker müssen Sie hier tatsächlich Unikate herstellen.
  - als Schriftsteller: Sie dürfen hier auch Gebrauchstexte schreiben.
  - als Lehrer oder Erzieher: Hier kommt es nicht auf die Art Ihrer Schüler an.
- die „Katalogberufe", die Sie als Rechtsanwalt oder beratender Betriebswirt eindeutig freiberuflich einordnen.

Oder üben Sie einen „ähnlichen Beruf" aus? Hier kann schnell Unsicherheit entstehen. Wenn Sie ganz sicher gehen wollen, schreiben Sie an Ihr zuständiges Finanzamt und bitten Sie um eine „verbindliche Auskunft". Legen Sie so überzeugend wie möglich dar, warum Sie Ihrer Meinung nach gemäß § 18 EStG einen freien Beruf ausüben. Die Behörde muss dann von Amts wegen antworten, und zwar – sofern sich Ihre Umstände nicht ändern – mit Wirkung für ganz Deutschland. Das bedeutet jedoch auch: Ist das Finanzamt anderer Meinung als Sie, können Sie nur auf dem Wege der Gerichtsbarkeit Ihre Meinung eventuell doch noch durchsetzen.

Wenn Sie für Ihre Begründung aktuelle Gerichtsentscheidungen ins Feld führen wollen, können Sie sehr gut die Publikationen des Instituts für Freie Berufe an der Universität Erlangen konsultieren (www.ifb.uni-erlangen.de).

Der Status des Freiberuflers ist deshalb so erstrebenswert, da ohne ihn nur in den oben genannten engen Grenzen die Möglichkeit der Einnahmenüberschussrechnung besteht und ansonsten zwingend zur aufwendigeren Bilanzierung übergegangen werden muss. Außerdem werden alle Gewerbetreibenden,

aber nie die Freiberufler zusätzlich mit Gewerbesteuer belastet. Diese stellt eine von der jeweiligen Gemeinde erhobene Abgabe auf den Gewinn dar und belastet diesen ab einem bestimmten Freibetrag mit ca. acht bis zwölf Prozent.
Leider gilt „Einmal Freiberufler, immer Freiberufler" nicht in steuerlicher Hinsicht. Für die Finanzbehörde ist das Gewerbliche ansteckend und jede gewerbliche Tätigkeit „infiziert" den freien Beruf. Auch die Rückkehr zum freien Beruf ist schwierig.

Soll tatsächlich auch eine gewerbliche Tätigkeit aufgenommen werden, so ist es ratsam, freiberufliche und gewerbliche unternehmerische Tätigkeit streng zu trennen.

Dies ist z. B. möglich, indem für die jeweilige Tätigkeit von derselben Person eine unterschiedliche Firmierung gebraucht wird. Ausgaben und Einnahmen werden getrennt verbucht.

Beispiel

Rudolf Neu ist freiberuflicher Ingenieur mit Spezialisierung Umweltmanagement. Er überlegt sich, ob er nicht nebenbei aufgrund seiner Spezialkenntnisse Filtertechnik verkaufen könnte.

Dieses Nebengeschäft würde eine gewerbliche Tätigkeit darstellen. Damit wäre seine gesamte selbstständige Berufstätigkeit als gewerblich einzustufen. Gründet Herr Neu einen Einzelhandel, kann er die gewerbliche und freiberufliche Tätigkeit trennen. Dabei kann für den gewerblichen Bereich im Übrigen jede Rechtsform verwendet werden, für das freiberufliche Feld nur der Einzelunternehmer und ggf. die Gesellschaft bürgerlichen Rechts.

Soll ich?

Hier lautet die Empfehlung unbedingt: Ja. Selbst bei Bilanzierungspflicht wird die freiwillige Erstellung einer Einnahmenüberschussrechnung von Vorteil sein.

Die notwendigen Daten können Sie im Wesentlichen der Gewinn- und Verlustrechnung entnehmen. Sie können anhand der Einnahmenüberschussrechnung jedoch einen Gewinn errechnen, der für Sie nachvollziehbarer ist als derjenige, der sich im Rahmen der Bilanzierung ergibt. Letzterer ist nämlich durch Bewertungsvorschriften und den Einbezug von nicht finanziellen Aufwendungen und Erträgen häufig verzerrt.
Außerdem empfinden viele Selbstständige es als einen hohen Zeit- oder (sofern der Steuerberater hilft) Geldaufwand, den regulären Jahresabschluss überhaupt aufzustellen; die Einnahmenüberschussrechnung ist hingegen recht leicht zu erstellen.

Versuchen Sie ein Gefühl zu entwickeln für „Ihre" Zahlen.

Dieses Gefühl für Ihre Zahlen können Sie beispielsweise fördern, indem Sie sich fragen:

- Welche Werte aus der Gewinn- und Verlustrechnung sind tatsächlich Ausgaben und Einnahmen?
- Wie kann der Unterschied zwischen dem in der Gewinn- und Verlustrechnung ermittelten Gewinn und dem Gewinn in der Einnahmenüberschussrechnung erklärt werden?

Sie werden sehen: Die Einnahmenüberschussrechnung (EÜR) hilft Ihnen in vielen Fällen, den Gewinn zeitnäher zu berechnen. Steuerliche Bewertungsvorschriften und die Einbeziehung von Zahlungen kommender Jahre entfallen, und überhaupt: Der ermittelte Gewinn ist aufgrund seiner Zahlungsnähe gut nachvollziehbar. Man sollte daraus jedoch nicht schließen, dass die Einnahmenüberschussrechnung dem Jahresabschluss generell vorzuziehen ist.
Bei der Aufstellung eines Jahresabschlusses gilt nämlich, dass Bilanzierende mehr Bewertungswahlrechte des Vermögens haben, denn hier werden eben nicht nur Zahlungsströme, sondern auch die Vermögenswerte des Unternehmens mitbewertet. Dieses geschieht in der Einnahmenüberschussrechnung nur ansatzweise, nämlich durch die Einbeziehung des Wertverlustes als Abschreibung.

Beispiel

Bei der Einrichtung des Ingenieurbüros von **Rudolf Neu** werden spezielle messtechnische Geräte benötigt. Einige übernimmt er von einem früheren Kollegen.

Die Wertminderung kann in der Einnahmenüberschussrechnung nur durch die reguläre Abschreibung dargestellt werden. Werden die Geräte bilanziert, können unter gewissen Bedingungen abweichende Bewertungen (z. B. so genannte „Teilwerte") angesetzt werden. Die Bilanzierung würde Rudolf Neu also mehr Wahlfreiheiten in der Bewertung seines Vermögens lassen.

Grundsätzlich gilt die Empfehlung: Nutzen Sie so lange wie möglich das Instrument der Einnahmenüberschussrechnung. Sie wird Ihnen die Gewinnermittlung und die Steuerung Ihrer Finanzströme auf einfachem Wege ermöglichen. Dies ist im Übrigen auch dann noch richtig, wenn Sie das ab 2005 vorgeschriebene amtliche Formular nutzen (müssen).

Gehen Sie erst dann zu einer Bilanzierung über, wenn es gesetzlich vorgeschrieben ist oder wenn Bewertungsfragen eine bedeutende Rolle für Ihr Unternehmen spielen.

1.3 Die Struktur der Einnahmenüberschussrechnung – das neue amtliche Formular

Ab dem Steuerjahr 2005 kann die Einnahmenüberschussrechnung nicht mehr so formlos abgegeben werden wie bisher. Die Finanzverwaltung erhofft sich von einer standardisierten Einnahmenüberschussrechnung mehr Kontrollmöglichkeiten – für den Unternehmer entsteht leider neuer Aufwand, da er sich jetzt in ein neues Formular einarbeiten muss. Nur noch Selbstständige, die Einnahmen von insgesamt weniger als 17.500 € (!) erzielen, können wie bislang auf die Nutzung der amtlich vorgeschriebenen Formulare verzichten und eine einfache

Aufstellung ihrer Einnahmen und ihrer Ausgaben einreichen. Natürlich steht ihnen frei, den neuen Vordruck zu nutzen.

Alle Übrigen, und das dürfte die große Mehrheit aller Selbstständigen sein, müssen ab der Einkommensteuererklärung 2005 die neuen amtlichen Vordrucke verwenden.

Diese können mit den anderen Unterlagen für die Einkommensteuererklärung vom Finanzamt angefordert werden. Dort ist auch kostenlos eine CD-ROM mit dem Programm ELSTER erhältlich. Diese elektronische Steuererklärung enthält alle notwendigen Unterlagen, darunter auch die neuen Vorlagen für die Einnahmenüberschussrechnung (die bis Anfang 2006 zur Verfügung gestellt werden). Alternativ können die Formulare von der Websitte www.elster.de gratis abgerufen werden (Vorsicht: Da kommen ca. 13 MB auf Sie zu!). Natürlich können Sie die Einkommensteuer – und darin enthalten die Einnahmenüberschussrechnung – auch auf dem herkömmlichen Weg übermitteln. Auf der Website des Bundesfinanzministeriums (www.bundesfinanzministerium.de) finden Sie die neuen Formulare nebst einer „amtlichen" Anleitung abrufbereit. Letztere ist für den „normalen" Steuerpflichtigen unseres Erachtens keine große Hilfe, da sie nur sehr knapp ausgestaltet und obendrein in einer nicht leicht zugänglichen Sprache formuliert ist.

Nutzen Sie ELSTER! Es vereinfacht die Steuererklärung, indem das manuelle Ausfüllen der Formulare entfällt.

Im Laufe des Jahres 2005 wird auch die neue Vorlage für die Einnahmenüberschussrechnung online gestellt. Nach einem erstmaligen Bearbeiten können die Daten für jedes Steuerjahr wieder übernommen und weiter bearbeitet werden. In vielen Bereichen der Steuererklärung überprüfen elektronische Assistenten, ob Sie nichts vergessen haben. Und: Sie können die Steuererklärung per E-Mail an Ihr zuständiges Finanzamt übermitteln, ELSTER sucht das Finanzamt richtig aus. Weitere Details finden Sie in den Hilfefunktionen des Programms. Auch weiterhin gilt: Es ist einfach, eine EÜR zu erstellen – es muss jetzt nur zunächst eine Gewöhnung an das neue Formular stattfinden. Der Papierkrieg hat allerdings entgegen allen Ankündigungen zugenommen. Die amtliche Vorlage für die Einnahmenüberschussrechnung gliedert sich in mehrere Teile:

- Allgemeine Angaben
- Gewinnermittlung
  - Betriebseinnahmen
  - Betriebsausgaben
- Ergänzende Angaben

Die einzelnen Teile werden im Folgenden besprochen. Sofern Einnahmen über 17.500 Euro jährlich vorliegen, muss die Einnahmenüberschussrechnung für den Zeitraum ab 1.1.2005 auf Basis dieses Formulars erfolgen. Das Formular muss der Einkommenssteuererklärung beigelegt werden.

1.3.1 Allgemeine Angaben

In den ersten beiden Zeilen des Formulars ist die vom Finanzamt zugewiesene Steuernummer einzutragen. Falls diese nicht aus früheren Einkommensteuerbescheiden bekannt ist, kann sie kurzfristig durch ein formloses Schreiben an das zuständige Finanzamt angefordert werden. Die Neuaufnahme einer freiberuflichen Tätigkeit ist auf jeden Fall dem Finanzamt mitzuteilen, es wird dann, falls noch nicht vorliegend, eine Steuernummer zuteilen. Des Weiteren ist der Name und die Art des Betriebes anzugeben. Bei Letzterem ist darauf zu achten, dass auf jeden Fall eine freiberufliche Tätigkeit genannt wird (s. dazu Kapitel 1.2, S. 14 ff.).

1.3.2 Die Gewinnermittlung (Zeile 1 bis 57)

In der Einnahmenüberschussrechnung gilt grundsätzlich:

Gewinn = Differenz aller Einnahmen und Ausgaben

Einnahmen müssen zugeflossen, Ausgaben abgeflossen sein, sodass es sich bei der Gewinnermittlung eigentlich um die Differenz aller Ein- und Auszahlungen handelt (s. zu den Grundbegriffen Kapitel 1.1, S. 10 ff.). Um welche Einnahmen und Ausgaben es sich handeln könnte, steht im Gegensatz zu früheren Jahren nicht mehr im Ermessen des Unternehmers, vielmehr stellt das Formular ein festes Schema auf, in dem die verschiedenen Positionen eingeordnet werden müssen. Welche dies sind, erfahren Sie im Folgenden. Das Formular finden Sie im Serviceteil dieses Buches abgebildet.

Die Betriebseinnahmen (Zeile 1 bis 12 des Formulars)

Im ersten Hauptblock der Vorlage sind alle Einnahmen zu erfassen. Es gilt der Grundsatz:

> Alle Einnahmen sind grundsätzlich zum Zeitpunkt des Zuflusses zu erfassen.

Es handelt sich also, wie gesagt, eigentlich um Einzahlungen. Sofern der Gesamtumsatz im laufenden Jahr nicht 50.000 €, im vergangenen Jahr nicht 17.500 € überstiegen hat, liegt im Sinne des § 19 UStG eine „kleinunternehmerische Tätigkeit“ vor. In diesem Fall reicht eine Angabe der Betriebseinnahmen als umsatzsteuerlicher Kleinunternehmer in **Zeile 1** des Formulars. Nebenbei gesagt: „Umsatzsteuer“ und „Mehrwertsteuer“ meinen immer die selbe Steuer. Die **Zeilen 3 bis 7** können dann übersprungen werden, da hier nur Einnahmen erfasst werden sollen, die umsatzsteuerliche Bedeutung haben. Nachrichtlich werden in **Zeile 2** die ohnehin umsatzsteuerfreien Umsätze eingetragen – das sind die Beträge, die bei den „üblichen“ Unternehmen in **Zeile 5** (s. weiter unten) auftauchen.
Wie bereits erwähnt, können Kleinunternehmer auch ganz auf die Abgabe des Formulars verzichten.
Überlegen Sie sich gut, ob Sie die „Kleinunternehmerregelung“ nutzen wollen. Sicherlich vereinfacht sie Ihre EÜR und auch Ihre Rechnungsstellung, denn Sie brauchen ja die gesetzliche Umsatzsteuer nicht Ihren Kunden in Rechnung zu stellen. Auf der anderen Seite verzichten Sie dann aber auch auf die Erstattung der „Vorsteuer“, d. h. der Umsatzsteuer, die in allen Beträgen enthalten ist, die Sie für Ihren Betrieb investieren.

Es gilt: Wenn keine Umsatzsteuerpflicht, dann auch keine Vorsteuererstattung!

Wenn Sie immer wieder Ausgaben für Ihre selbstständige Tätigkeit haben, überlegen Sie, ob Sie auf die genannten Vorteile verzichten, um die Vorsteuer zu „retten“ (s. zum System der Umsatzsteuer Kap. 2.2).

Sofern in den Umsätzen Beträge enthalten sind, die aufgrund spezieller Regelungen (z. B. als Arzt, weitere Ausnahmen zur Umsatzsteuerpflicht finden sich im § 4 UStG, insbesondere Nr. 11 bis 28) ohnehin nicht steuerpflichtig sind, müssen diese noch einmal extra aufgeführt werden.

Jetzt aber zu den „Regelfällen“: Die **Zeilen 3 bis 7** sind für alle regulären Unternehmer reserviert (wobei entgegen eventueller Vermutungen der Gegenbegriff zum „Kleinunternehmer“ nicht der „Großunternehmer“ ist…).

- Das Formular beginnt mit einer heutzutage eher kleinen Berufsgruppe, den Land- und Forstwirten. Wenn diese nur einem ermäßigten Umsatzsteuersatz unterliegen, sind deren Einnahmen hier in **Zeile 3** zu verzeichnen. Der Gesetzgeber nennt das: Einnahmen aus einem land- und forstwirtschaftlichen Betrieb mit vereinfachten Durchschnittssätzen (genauere Angaben dazu finden sich in § 24 UStG).
- In **Zeile 4** sind umsatzsteuerpflichtige Einnahmen zu verzeichnen. Jetzt kommt der Regelfall, nämlich alle Beträge, die der Umsatzsteuer von regulär 16 Prozent oder auch gelegentlich sieben Prozent unterliegen (so bei Verlagserzeugnissen, Lebensmitteln). Wichtig: Die Beträge werden netto, d. h. ohne Umsatzsteuer eingetragen.
- Die Umsatzsteuer wird als vereinnahmte Umsatzsteuer in **Zeile 6** eingetragen. Diese ist in der Tat eine Einnahme, denn der Kunde hat ja inklusive Umsatzsteuer gezahlt. Die Beträge aus **Zeilen 6 und 4** ergeben die Bruttoeinnahmen.

- Werden unentgeltliche Wertabgaben geleistet, beispielsweise durch die private Nutzung von betrieblichen Gegenständen, so ist diese ebenfalls mit 16 Prozent Umsatzsteuer zu belegen. Ja, so ist es tatsächlich: Fährt der Unternehmer zum Beispiel zu einem Drittel der Gesamtnutzung in seinem betrieblichen Fahrzeug privat, so wird dies wie ein Verkauf an sich selber gesehen. Dieser auch als Eigenverbrauch bezeichnete Vorgang ist mit 16 Prozent Umsatzsteuer zu belegen, da es ja auch ein Umsatz ist – zwar an sich selbst, aber das Finanzamt macht da keinen Unterschied. Diese Beträge erscheinen ebenso in **Zeile 4** (netto) und **Zeile 6** (Umsatzsteuer).
- Liegen gem. § 4 UStG umsatzsteuerfreie Einnahmen vor (und zwar bei einem „regulären“ Unternehmer – anders als in **Zeile 2**, wo der „Kleinunternehmer“ gemeint war), so sind diese in **Zeile 5** einzutragen. Des Weiteren sind hier Einnahmen einzutragen, die daraus resultieren, dass bestimmte Leistungen umsatzsteuerfrei aus dem Ausland bezogen werden.
- Wird vom Finanzamt Umsatzsteuer zurückgezahlt, steht für diese erstattete/verrechnete Umsatzsteuer (so genannte Vorsteuer, s. dazu ausführlicher Kapitel 2.2., besonders S. 61 ff.) die **Zeile 7** zur Verfügung.
- Alle Selbstständigen, auch die so genannten „Kleinunternehmer“, müssen in den abschließenden **Zeilen 8 bis 10** die Beträge angeben, die durch die Veräußerung oder Entnahme von Anlagevermögen (z. B. der Verkauf oder die private Nutzung von Computern), die private Kfz-Nutzung oder sonstige Sach-, Nutzungs- und Leistungsentnahmen (z. B. private Telefonnutzung) entstehen (s. zur Ermittlung der Beträge zu **Zeilen 25 bis 29** und 59 ff. sowie zum Verzeichnis der Anlagen, S. 28).
- Wurden in früheren Jahren Rücklagen oder so genannte Ansparabschreibungen gebildet und müssen diese jetzt aufgelöst werden, so ist der Betrag in **Zeile 11** einzutragen (s. zur Ermittlung der genauen Beträge zu **Zeile 52**).

Als Einnahmen sind also zu erfassen:

- Die vom Kunden gezahlten Einnahmen, dann in der Regel getrennt in die Nettobeträge und die darauf entfallende Umsatzsteuer;
- die vom Finanzamt zurückgezahlte Umsatzsteuer und schließlich
- alle in Euro bewerteten privaten Nutzungen des Betriebsvermögens zuzüglich Umsatzsteuer – wenngleich dies eigentlich nur fiktive Einnahmen sind.

Erscheint Ihnen das alles – vielleicht mit Ausnahme der Erfassung der Kundeneinnahmen – unlogisch? Sie werden sehen, im System der Einnahmenüberschussrechnung muss es so sein! Richtig einleuchtend werden die Zusammenhänge allerdings erst, wenn Sie im nächsten Teil alle Ausgaben kennen lernen.

Ein Beispiel vorab: Würde man die Ausgaben für den Pkw nicht durch – wenn auch fiktive – Einnahmen korrigieren, würden auch die Aufwendungen den Gewinn schmälern, die durch private Nutzung entstanden sind, und genau das möchte das Finanzamt vermeiden.
Natürlich könnte man sich fragen, warum man nicht gleich nur die betrieblich veranlassten Ausgaben aufführt. Diese Überlegung ist grundsätzlich richtig, allerdings lässt sich das häufig in der Praxis nur sehr schwer durchführen: Wie soll man z. B. eine Ausgabe für Kfz-Reparaturen in einen privaten und einen betrieblichen Anteil splitten?

Die Betriebsausgaben (Zeile 13 bis 53)

Im nächsten Teil des Formulars werden die Ausgaben zusammengestellt. Wieder gilt das Abflussprinzip, d. h. grundsätzlich können Beträge erst verbucht werden, wenn Geld geflossen ist. Es handelt sich also auch hier eigentlich um Auszahlungen, allerdings mit Ausnahme einiger wiederum fiktiver Positionen. Auch in diesem Block beginnt die Vorlage mit Fällen, die eher selten vorkommen, nämlich mit den Ausgaben bestimmter Selbstständiger, die pauschal, also ohne weiteren Nachweis, angegeben werden können.

Hauptberuflich selbstständige Schriftsteller und Journalisten können 30 Prozent der Einnahmen (maximal aber 2.455 €) jährlich ohne weitere Nachweise in **Zeile 14** einsetzen. Ähnliches gilt z. B. für nebenberuflich selbstständige Wissenschaftler, Künstler und Schriftsteller. Diese können bis zu 25 Prozent ihrer Einnahmen (maximal aber 614 €) ohne weitere Nachweise ansetzen. Ferner erlaubt § 3 Nr. 26 EStG für bestimmte nebenberufliche Tätigkeiten, wie z. B. Lehraufträge an Hochschulen, einen so genannten Übungsleiterfreibetrag in Höhe von 1.848 €. Für alle diese Beträge gilt: Andere Betriebsausgaben können bei Nutzung der Pauschalen nicht mehr angegeben werden.

> Tipp: Diese Einschränkung gilt nur, wenn die genannten Tätigkeiten ausschließlich ausgeübt werden.

So können z. B. Rechtsanwälte gleichzeitig nebenberuflich „Übungsleiter" als Lehrbeauftragte an einer Hochschule sein und den genannten Freibetrag nutzen – und trotzdem noch ihre weiteren Ausgaben einsetzen. Der Freibetrag sollte dann allerdings in der Anlage GSE der Einkommensteuererklärung angegeben werden, und zwar unter der **Randziffer 57** – ein speziell für nebenberufliche Einkünfte vorgesehenes Feld. In **Zeile 35** nennen Sie dann den in der Einnahmenüberschussrechnung ermittelten Gewinn.
In **Zeile 14 und 15** können gemäß spezieller Regeln zu ermittelnde Betriebsausgaben für land- und forstwirtschaftliche Betriebe eingesetzt werden. Die Position bildet die Gegenbuchung zu den Einnahmen in **Zeile 3**.

Nach diesen speziellen Fällen kommen wir nun zu den Ausgabepositionen, die die Mehrheit aller Selbstständigen betreffen:

- Waren, Roh- und Hilfsstoffe jeglicher Art mindern entsprechend ihrem Kaufpreis den Gewinn. Die innerhalb eines Jahres aufgewendeten Beträge sind in **Zeile 16** einzusetzen, und zwar – ganz wichtig – wie alle Ausgaben immer netto, d. h. ohne die enthaltene Umsatzsteuer. Diese wird weiter unten (**Zeile 50**) ausgewiesen.

- Wurden Leistungen von anderen Unternehmern genutzt, so sind die dafür gezahlten Beträge in **Zeile 17** einzusetzen. Hier handelt es sich wohlgemerkt um Dienstleistungen. Alle Ausgaben für eigenes Personal finden sich in **Zeile 18**.

In den **Zeilen 19 bis 24** werden alle Aufwendungen zusammengefasst, die durch die Nutzung von Wirtschaftsgütern entstehen. Damit sind alle Güter gemeint, die längerfristig genutzt werden, z. B. Gebäude und Räume (**Zeile 19**), immaterielle Wirtschaftsgüter (**Zeile 20**), bewegliche Wirtschaftsgüter wie Maschinen und Kfz (**Zeile 21**) sowie geringwertige Wirtschaftsgüter (bis zu einem Wert von netto 410 €, **Zeile 23**).

- In **Zeile 19** werden alle Werte auf unbewegliche Wirtschaftsgüter eingetragen, also Gebäude und Räume (nicht jedoch Grundstücke). Einzige Ausnahme sind Abschreibungen für ein eigenes häusliches Arbeitszimmer, die zusammen mit anderen Aufwendungen in **Zeile 31** einzusetzen sind (s. zur Bewertung des Arbeitszimmer auch Kapitel 1.4, S. 52–54).
- In **Zeile 20** gehören alle Entwertungen immaterieller Wirtschaftsgüter: Hier wird in Anlehnung an neue, in der gesamten Europäischen Union eingeführte Rechtsgrundlagen für die Gewinnermittlung (IFRS = International Financial Reporting System) gefordert, auch die Entwertung von Firmenwerten zu berücksichtigen – eine genaue Erklärung, wie z. B. die Minderung des Kaufpreises einer Arztpraxis zu errechnen ist, fehlt allerdings. Tipp: Fragen Sie bei Ihrem Finanzamt nach, welcher Abschreibungszeitraum zulässig ist. An den Abschreibungen sind Sie ja interessiert, da ansonsten der Kauf von immateriellen Gütern Ihren Gewinn nicht mindern würde.
- In **Zeile 21** werden alle Entwertungen für bewegliche Wirtschaftsgüter eingetragen, also Maschinen, Fahrzeuge etc.,

und zwar ermittelt auf Basis einer amtlichen Festlegung, die in der so genannten AfA-Tabelle zu finden ist (dazu genauer Kapitel 1.4, S. 44 ff.).

- In **Zeile 22** können in bestimmten Fällen noch Sonderabschreibungen in Höhe von maximal 20 Prozent genutzt werden (s. zur Erklärung Kapitel 1.4, S. 45 f.).
- In **Zeile 23** gehören Aufwendungen für geringwertige Wirtschaftsgüter, d.h. für Waren, die einzeln nicht mehr als 410 € netto gekostet haben. Sie können innerhalb eines Jahres, mit ihrem kompletten Wert, abgeschrieben werden.

Für alle Wirtschaftsgüter, für die mehrjährige Abschreibungen angesetzt werden, ist ab dem 1.1.2005 ein laufendes Verzeichnis zu führen. Dieses Verzeichnis soll die Anschaffungs- bzw. Herstellungskosten enthalten, die Anschaffungs- und Nutzungsdauer, die gebildeten Abschreibungen sowie den Wert der Wirtschaftsgüter zu Ende des Wirtschaftsjahres. Ein Muster findet sich in der amtlichen Anleitung zu dem neuen Formular oder auch als Excel-Datei auf der Website des Bundesfinanzministeriums (www.bundesfinanzministerium.de) sowie unter www.herting.biz (→ Service), der Serviceseite des Autors. Für alle nicht abnutzbaren Güter ist ebenfalls ein Verzeichnis zu führen, das Anschaffungs- bzw. Herstellungskosten und das Datum der Anschaffung aufführt. Auch für dieses Verzeichnis finden Sie ein Beispiel auf der Serviceseite des Autors. Aber nicht nur bei den höherwertigen, sondern auch bei den geringwertigen Anschaffungen möchte das Finanzamt nachverfolgen, wie sich die Werte entwickelt haben. Sie sind ebenfalls in ein besonderes, laufend zu führendes Verzeichnis einzutragen. Einen Vorschlag finden Sie wiederum als herunterladbare Excel-Datei unter www.herting.biz (→ Service). Auch wenn es bislang keine Verpflichtung gab, derartige Verzeichnisse in der einfachen Buchführung zu führen: Eine geordnete Aufstellung Ihrer Wirtschaftsgüter ermöglicht nicht nur dem Finanzamt, sondern auch Ihnen selbst guten Einblick in die Wertentwicklung Ihres Betriebes.

Reichen Sie besonders bei höheren Abschreibungswerten diese Verzeichnisse unaufgefordert mit ein, so sind Sie auf der sicheren Seite. Auf eine Falle muss aber hingewiesen werden: Die geringwertigen Wirtschaftsgüter (GWG) müssen einzeln nutzbar sein. D. h. eine „Zerlegung" z. B. eines Schreibtisches im Wert von mehreren tausend Euro in Einzelteile mit der Absicht, diese alle sofort abzuschreiben, ist unzulässig. Leider ist dies seit kurzer Zeit auch nicht mehr für EDV-Technik möglich: So können nach Meinung der Finanzverwaltung Drucker oder Bildschirme nur in Verbindung mit einem PC genutzt und insofern auch gemäß AfA-Tabelle auf drei Jahre abgeschrieben werden. Für ausgeschiedene Wirtschaftsgüter muss der aktuelle Wert (Restbuchwert) in **Zeile 24** angegeben werden. Es versteht sich, dass derartige Werte ausgedienter Anlagegüter aus dem laufenden Verzeichnis nachvollzogen werden können.

In den **Zeilen 25 bis 29** werden alle Fahrzeug- und andere Fahrtkosten aufgeführt, und zwar:

- in **Zeile 26** alle laufenden und festen Kosten von Fahrzeugen oder Reisen, allerdings ohne die Abschreibungen (die gehören, wie erläutert, in **Zeile 21**) und auch ohne eventuelle Zinsen für Fahrzeugkredite (s. dazu **Zeile 37**);
- dieser Wert muss aus rechnerischen Gründen in **Zeile 27** um die enthaltenen Kosten für Wege zwischen Wohnung und Betriebsstätte gemindert werden, da diese ansonsten durch ihre Einbringung in **Zeile 29** doppelt gezählt würden (s. zu der Bewertung der Fahrkosten Kapitel 1.4);
- werden öffentliche Verkehrsmittel genutzt, wird der tatsächliche Ticketpreis oder pauschal 0,30 €/km angesetzt.

Entstehen Aufwendungen für Räume oder Gründstücke, werden diese in den **Zeilen 30 bis 33** aufgeführt. Hier handelt es sich insbesondere um

- alle abziehbaren Aufwendungen für ein häusliches Arbeitszimmer in **Zeile 31** (inwieweit sie tatsächlich abziehbar sind, dazu genauer Kapitel 1.4., S. 52–54),

- Miete/Pacht für Räume/Grundstücke in **Zeile 32 und 33**,
- in **Zeile** 33 weitere Aufwendungen für Gründstücke, allerdings ohne Abschreibung ihrer Einrichtung (die gehört wie weiter oben erklärt in **Zeile 19**) und ohne Zinsen (dazu weiter unten, **Zeile 37**).

Auch in diesem Ausgabenblock möchte der Gesetzgeber den Steuerpflichtigen dazu zwingen, alle Ausgaben noch einmal nachvollziehbar in einem eigenen Verzeichnis aufzuführen. Auch wenn es umständlich ist:

> Erfassen Sie in einer separaten Liste sämtliche Aufwendungen für Räume und Grundstücke, insbesondere für die Nutzung eines Arbeitszimmers, da es hier oft zu Meinungsverschiedenheiten mit dem Finanzamt kommt.

Ein Muster für eine solche Erfassung in Form einer Microsoft-Excel Datei finden Sie unter www.herting.biz (→ Service).

Sind Schuldzinsen gezahlt worden, werden sie in den **Zeilen 36 bis 38** aufgeführt. Wurden sie für die Finanzierung von betrieblichen Gütern gezahlt, sind sie unbeschränkt in **Zeile 37**, ansonsten nur bis zu 2.050 € in **Zeile 38** anzusetzen. Darüber hinausgehende Schuldzinsen müssen mit sechs Prozent einer „Überentnahme" gemindert werden, die im Formular anzugeben ist. Hier spürt man ein gewisses Misstrauen der Finanzverwaltung gegenüber dem Unternehmer: Sie möchte verhindern, dass der Unternehmer mehr entnimmt als er verdient („Überentnahme"), was nur möglich ist, wenn er sich Geld von der Bank leiht. Dafür anfallende Zinsen dürfen nur sehr beschränkt in Anklang gebracht werden. Zur Ermittlung des Betrags, der nicht in **Zeile 38** abgezogen werden darf, dient eine weitere Anlage zur amtlichen Einnahmenüberschussrechnung. Diese finden Sie als Anhang zur amtlichen Anleitung für das neue Formular, herunterladbar vom Server des Bundesfinanzministeriums oder von der Serviceseite des Autors (www.bundesfinanzministerium.de bzw. www.herting.biz (→ Service)).

Tipp

- Rechnen Sie einmal überschlägig nach, ob Sie im Laufe des Jahres mehr entnommen als verdient bzw. auch wieder dem Betrieb zugeführt haben.
- Wenn dies zutrifft und diese Beträge kreditfinanziert wurden, fragen Sie sich in einem nächsten Schritt, ob mehr Zinsen als 2.050 € dadurch entstanden sind.
- Wenn ja, erläutern Sie die Beträge in der genannten Anlage. Unter Berücksichtigung des hohen Freibetrags von 2.050 € können das aber nur hohe Beträge sein, bei einem Zinssatz von beispielsweise sieben Prozent für einen Kredit gilt das für Überentnahmen ab ca. 30.000 €, bei einem Zinssatz von zwölf Prozent sind das aber schon Beträge ab ca. 17.000 €.

Um Rückfragen zu vermeiden, ist dringend anzuraten, die Anlage mit einzureichen!

Unabhängig davon gilt, dass Entnahmen und auch Einlagen in einem gesonderten Verzeichnis aufzuzeichnen sind. Dieses Verzeichnis muss aber nicht abgegeben werden, es soll vielmehr z. B. bei einer Betriebsprüfung die Finanzflüsse zwischen Betrieb und Privatsphäre nachvollziehbar machen. Außerdem ermöglicht es, die in den ergänzenden Angaben geforderten Beträge für Entnahmen bzw. Einlagen genau zu beziffern (s. dazu die Erläuterungen zu **Zeilen 66 und 67**).

Der Selbstständige lebt vom Gewinn, muss aber immer wieder Abhebungen vom Konto machen. Seinen definitiven Gewinn kennt er erst am Jahresende. An sich stellen die Kontoauszüge schon ein Verzeichnis der Entnahmen und Einlagen dar: hier spiegeln sich alle Einnahmen und Ausgaben wider. Wenn Sie Ihr Konto mit Hilfe eines Bankingprogramms führen, können Sie die Daten eines Jahres nach den Entnahmen z. B. durch Abhebung von einem Geldautomaten und die Einlagen z. B. durch Überweisung in Sekundenschnelle durchsuchen lassen. Von dem Ergebnis machen Sie sich einen Ausdruck oder sichern die Datei elektronisch. Einzige Ausnahme: Barzahlungen müssen zusätzlich berücksichtigt werden.

Weitere beschränkt abziehbare Betriebsausgaben können in den **Zeilen 39 bis 43** angegeben werden, wobei der nicht abziehbare Betrag immer einzeln aufzuführen ist. Auch hier wird gefordert, insbesondere Geschenke und Bewirtungen in einem gesonderten Verzeichnis aufzuführen. Ein Muster für ein derartiges Verzeichnis finden Sie unter www.herting.biz (→ Service).

Im Einzelnen handelt es sich um folgende Positionen:

- Geschenke (**Zeile 40**), wobei der Wert im Einzelnen nicht 35 € netto übersteigen darf. Eine Nennung des Beschenkten ist im Beleg oder dem obigen Verzeichnis obligatorisch, sofern es sich nicht um Bagatellgeschenke (z. B. preiswerte Kugelschreiber) handelt.
- Aufwendungen für geschäftliche Bewirtungen (**Zeile 41**) sind zu 70 Prozent abziehbar, wobei unbedingte Voraussetzung für die Anerkennung eine maschinenschriftliche Rechnung über die entstandenen Aufwendungen sowie die Angabe von Anlass, Ort, Datum und der bewirteten Teilnehmer ist.
- Ausgaben für Geschäftsreisen und doppelte Haushaltsführung (**Zeile 42**) können entsprechend ihren tatsächlichen Kosten angesetzt werden, allerdings ohne die schon oben in **Zeile 26** erfassten Fahrtkosten. Mehraufwendungen für Verpflegung sind nur pauschal erfassbar, sie dürfen im Inland (BR Deutschland) folgendermaßen angesetzt werden:
  - 24 € bei mehr als 24 Stunden Abwesenheit,
  - 12 € bei mindestens zwölf Stunden Abwesenheit und
  - 6 € bei mindestens sechs Stunden Abwesenheit.

  Übrigens: Diese Aufwendungen dürfen immer angesetzt werden, unabhängig davon, wie viel Verpflegung verbraucht wurde.

  Tipp: Führen Sie Ihren Terminkalender so sorgfältig, dass auch Jahre später noch nachvollziehbar ist, wie lange Sie unterwegs waren.

Gehen Sie den Kalender bei der Erstellung der Einnahmenüberschussrechnung durch; es kommen erfahrungsgemäß mehr Verpflegungsmehraufwände zusammen, als man meint. Im Verzeichnis für beschränkt abziehbare Aufwendungen können Sie auch die weiteren Beträge eintragen. Eine Abgabe ist in diesem Fall zwar nicht zwingend, bei sehr hohen Beträgen aber vertrauensbildend.

- Sonstige Ausgaben (z. B. Geldbußen, Repräsentationsaufwendungen) sind in **Zeile 43** nur soweit ansetzbar, wie sie als Repräsentationsaufwendungen angemessen sind (z. B. der frische Blumenstrauß einmal die Woche im Büro, nicht aber teure Originalkunstwerke in der Arztpraxis). Geldbußen können nur angesetzt werden, wenn Sie von einem Staat außerhalb der Europäischen Union verhängt oder von einem Staat der Europäischen Union in einem Strafverfahren derartig hoch verhängt werden, dass sie der deutschen Rechtssprechung widersprechen.

Weitere unbeschränkt abzugsfähige Betriebsausgaben werden in **Zeilen 45 bis 49** zusammengestellt. Hier handelt es sich um Aufwendungen für

- Porto, Telefon und Büromaterial (**Zeile 46**), und zwar die vollen Beträge, natürlich wie immer netto ohne Umsatzsteuer. Die Privatanteile wurden weiter oben in **Zeile 21** angegeben. Unter „Telefon“ sind natürlich alle Telekommunikationsausgaben inklusive Mobiltelefon und Internetnutzung anzugeben. Letzteres scheint dem Finanzamt zumindest im amtlichen Formular unbekannt.

  Tipp: Nutzen Sie ein Mobiltelefon beruflich, so sind diese Aufwendungen in der Regel immer beruflich (wenn Sie doch privat telefonieren, dann bitte anders!); bei Festnetz ist allerdings immer zu trennen in einen privaten und einen beruflichen Anteil.

  Der Umfang bestimmt sich grundsätzlich nach im Einzelverbindungsnachweis belegbaren beruflich veranlassten

Gesprächen. Bei Nutzung eines ISDN-Anschlusses können die Aufwendungen auch nach Durchwahlnummern gesplittet werden. Falls das zu umständlich oder nicht praktizierbar ist, werden oft auch pauschale Aufteilungen akzeptiert, wie z. B. 70 Prozent beruflich/30 Prozent privat.

- Fortbildung und Fachliteratur (**Zeile 47**), wobei beide Positionen eindeutig beruflich bezogen sein müssen. Allgemein Bildendes zählt nicht, und entsprechend sollten die Belege sein!
- Ausgaben für Rechts- und Steuerberatung sowie Buchführung (**Zeile 48**);
- reichen die bisherigen Zeilen nicht aus, werden übrige Betriebsausgaben in **Zeile 49** eingetragen.

Da alle bisherigen Beträge netto angegeben wurden, muss der Vollständigkeit halber die Umsatzsteuer noch nachgereicht werden. Das geschieht in den **Zeilen 50 bis 51**, und zwar in folgender Unterteilung:

- Gezahlte Vorsteuerbeträge (**Zeile 50**): Das sind die Umsatzsteuerbeträge aller Ausgaben. Diese „Vorsteuer“ (s. zum System der Umsatzsteuer Kapitel 2.2, zur Vorsteuer besonders S. 61 ff.) wurde ja bislang nicht berücksichtigt, vom Unternehmer aber an seine Lieferanten mitbezahlt. Insofern stellt sie auch eine Ausgabe dar und mindert den Gewinn!
- Gleiches gilt für an das Finanzamt gezahlte und ggf. verrechnete Umsatzsteuer (**Zeile 51**): Hierbei handelt es sich um Beträge, die aufgrund eigener Einnahmen an das Finanzamt gezahlt werden müssen bzw. mit Vorsteuern verrechnet wurden. Für das laufende Jahr sind diese Beträge als „vereinnahmte Umsatzsteuer“ in **Zeile 6** des Formulars enthalten. Eine gewinnmindernde Ausgabe stellt sie dar, wenn sie im Laufe des Jahres an das Finanzamt abgeführt wurde. Gleiches gilt aber auch für Beträge anderer Jahre, die erst jetzt gezahlt wurden. Es kommt wie immer nur auf den Zeitpunkt der Zahlung an.

- Last but not least ein wichtiger Ausnahmeposten: In **Zeile 52** kann die Bildung von Rücklagen und/oder Ansparabschreibungen als Ausgabe angesetzt werden. Derartige Beträge mindern den Gewinn, ohne dass tatsächlich gezahlt wird – mit anderen Worten:

  In einem bestimmten Umfang kann der Unternehmer hier Ausgaben späterer Jahre vorziehen.

  Je höher der Gewinn ausfällt, umso interessanter sind derartige Positionen für den Selbstständigen. Das Finanzamt verlangt aber in diesem Fall eine besonders gute Nachvollziehbarkeit, und zwar auf Basis des Abschnitts Ergänzende Angaben (s. genauere Erläuterung Kapitel 1.3.3, für Hintergründe Kapitel 1.4).

Der Kreis der Ausgaben schließt sich. Die Liste mag lang erscheinen, bei den meisten Selbstständigen tritt jedoch nur eine Auswahl der besprochenen Positionen auf und diese wird sich immer wiederholen. Nach der ersten Eingaben z. B. als ELSTER-Datei können viele Daten aus dem früheren Jahr übernommen oder leicht angepasst werden.
Und jetzt wirklich „least“: Alle Ausgaben werden in **Zeile 53** aufsummiert, wobei das elektronische Formular diese Arbeit dem Unternehmer immerhin abnimmt. Die Summe aller Einnahmen wird aus **Zeile 12** in **Zeile 55** übertragen (auch das macht ELSTER automatisch), die Ausgaben nachrichtlich noch einmal (auch ggf. automatisch) in **Zeile 56** aufgeführt, sodass dann endlich der Gewinn bzw. der Verlust in **Zeile 57** als Differenz der beiden vorhergehend genannten Summen gebildet werden kann.

1.3.3 Ergänzende Angaben (Zeile 54 bis 57)

Ausgaben können für spätere Jahre „vorgezogen“ werden (s. Erläuterungen zu **Zeile 52**). Auf der Basis von Sonderregelungen des Einkommensteuerrechts wird dem Unternehmer erlaubt, das Grundprinzip der Berücksichtigung von Ausgaben, ihrem tatsächlichen Abfluss, zu durchbrechen. Im Folgenden werden die Regelungen kurz vorgestellt, die gesetzlichen Grundlagen finden Sie unter den angegeben Paragraphen.

Tipp: Unter http://bundesrecht.juris.de finden Sie alle deutschen Gesetze, spezielle Steuervorschriften auch unter www.bundesfinanzministerium.de. Sie geben Auskunft über weitere Details.

Rücklagen nach § 6c in Verbindung mit § 6b EstG sowie Regel 35 EStR (Zeile 59)

Wenn betriebliche Güter verkauft wurden, so mussten die Einnahmen dafür in **Zeile 8** angegeben werden. Nun passiert es durchaus, dass Güter zwar schon vollständig abgeschrieben sind (also nur einen symbolischen Restwert von einem Euro aufweisen), trotzdem aber noch einen Marktwert haben.

Die Differenz zwischen Marktwert und buchhalterischem Restwert nennt man auch „stille Reserve".

Wird das Wirtschaftsgut tatsächlich zu einem höheren Preis als in den Büchern ausgewiesen verkauft, entsteht eine Gewinn erhöhende Einnahme. Um eine entsprechende Steuererhöhung zu verhindern, kann der Selbstständige eine Rücklage in **Zeile 59** bilden, die diesen Effekt rückgängig macht. Wird ein neues Wirtschaftsgut angeschafft, wird die Rücklage wieder aufgelöst, wobei dieses in vier (Ausnahme Gebäude: sechs) Jahren spätestens erfolgen muss.

Beispiel

Rudolf Neu ist selbstständiger Ingenieur. Er verkauft nach drei Jahren Nutzung seinen gebraucht erworbenen Pkw. Dieser besitzt noch einen buchhalterischen Wert in Höhe von 6.000 € (= 12.000 € – 2.000 € Abschreibung x 3 Jahre). Erfreulicherweise erzielt er noch einen Preis von 11.500 €. Die Differenz zwischen buchhalterischem Wert und Verkaufswert stellt eine zusätzliche Einnahme in Höhe von 5.500 € dar, die zu einer entsprechenden Gewinnerhöhung führen würde, wenn er nicht gleichzeitig eine Rücklage in gleicher Höhe bildet. Diese „neutralisiert" seine Zusatzeinnahme so lange, wie er einen Neuwagen anschafft. Die Rücklage ist dann aufzulösen und mindert die Anschaffungskosten des Wagens.

Daneben kann die **Zeile 59** genutzt werden, um den Gewinn zu mindern, wenn Anlagegüter z. B. durch Feuer oder Unfälle vernichtet und dafür Versicherungsleistungen erhalten wurden, die als Einnahme ansonsten den Gewinn erhöhen würden.

Eine steuerlich besonders interessante Regelung findet sich in den nächsten Zeilen, die die Bildung so genannter Ansparabschreibungen (**Zeilen 60 bis 62**) betreffen. Dieses sind Abschreibungen, die im Vorgriff auf zukünftige Anschaffungen gemacht werden und damit den Gewinn mindern, bevor die Investition durchgeführt werden konnte. Da hier Gewinn und damit Besteuerung deutlich beeinflusst werden, hat die Finanzverwaltung in den letzten Jahren zunehmend enge Grenzen gezogen (s. zum weiteren Hintergrund Kapitel 1.4, S. 46 ff., die aktuelle Sicht der Finanzverwaltung findet sich im BMBF-Schreiben vom 25.02.2004, BStBl. I S. 337, die wichtigsten Regeln finden Sie in den folgenden Erläuterungen, die wichtigsten Rechtsgrundlagen im Serviceteil).

Ansparabschreibungen nach § 7g Abs. 3–6 EstG (Zeile 60)

Für alle Unternehmer gilt, dass für die künftige Anschaffung oder Herstellung eines beweglichen, neuen Wirtschaftsguts bereits im Vorhinein eine den Gewinn mindernde Abschreibung (Ansparabschreibung) gebildet werden darf.

Diese darf höchstens 40 Prozent der geplanten Ausgaben betragen. Das Wirtschaftsgut muss spätestens bis Ablauf des zweiten, auf die Bildung der Ansparabschreibung folgenden Jahres angeschafft oder hergestellt werden, ansonsten muss die Abschreibung rückgängig gemacht werden. Die Summe aller Ansparabschreibungen darf 154.000 € nicht überschreiten.

Beispiel

Rudolf Neu möchte im nächsten oder übernächsten Jahr einen Neuwagen im Wert von 30.000 € anschaffen. Er kann bereits im laufenden Jahr bis zu 40 Prozent der voraussichtlichen Anschaffungskosten (= 12.000 €) abschreiben. Diese Gewinnminderung wird sich für ihn auszahlen, wenn er im laufenden Jahr ganz gut Geld verdient – so kann er seinen Gewinn und damit seine Steuer senken.

Ansparabschreibungen nach § 7g Abs. 7–8 EstG (Zeile 61)

Für Existenzgründer gelten noch weitere Erleichterungen. Sie dürfen Ansparabschreibungen bis 307.000 € bilden. Die Auflösung muss erst spätestens nach fünf Jahren erfolgen.

Existenzgründer im Sinne der Einnahmenüberschussrechnung ist, wer in den letzten fünf Jahren vor Abgabe nicht unternehmerisch tätig war.

Gewinnzuschlag nach § 6c in Verbindung mit § 6b Abs. 7 und 10, § 7g Abs. 5 und 6 EstG (Zeile 62)

Werden die Ansparabschreibungen nicht wie vorgesehen genutzt, müssen sie Gewinn erhöhend wieder aufgelöst werden. Um zu verhindern, dass Unternehmer mit diesem Instrument Gewinne einfach von Jahr zu Jahr verschieben, sind die Ansparabschreibungen in diesem Fall mit sechs Prozent während der Laufzeit zu verzinsen. Dieser Betrag erhöht zusätzlich den Gewinn im Jahr der Auflösung.

Tipp

Ansparabschreibungen können immer noch ein gutes Geschäft sein, denn die Verschiebung von Gewinnen wird lediglich mit sechs Prozent verzinst!

Besonders rechnet sich die Ansparabschreibung, wenn sie in einem Jahr gebildet wird, in dem man mit hohen Gewinnen rechnet, und wenn sie in einem Jahr aufgelöst wird, in dem niedrige Gewinne oder gar Verluste erwartet werden.

Diesen Effekt kennt natürlich auch die Finanzverwaltung. Insofern sollte man peinlich darauf achten, dass die Bildung und Auflösung von Ansparabschreibungen lückenlos im Verzeichnis der Abschreibungen nachvollzogen werden können (s. zu dem Verzeichnis die Erläuterungen zu den **Zeilen 19 bis 24**).

Nicht zu genau genommen werden muss hingegen die Beschreibung der anzuschaffenden Wirtschaftsgüter. Trotz gelegentlich zu hörender Behauptungen muss die geplante Anschaffung nur ihrer Art nach (z. B. Pkw, nicht aber Marke oder Modell) benannt werden.

In **Zeile 63** werden alle Beträge für die Bildung bzw. Auflösung von Rücklagen und Ansparabschreibungen addiert und in die **Zeile 52** (als Gewinn mindernde Ausgabe) bzw. **Zeile 11** (als Gewinn erhöhende Einnahme) übertragen.

Und noch eine letzte Angabe für die informationshungrigen Sachbearbeiter der Finanzverwaltung: Wurden Schuldzinsen abgezogen (s. dazu ausführlicher die Erläuterungen zu den **Zeilen 36 bis 38**), müssen die Entnahmen und Einlagen in den **Zeilen 66 bis 67** aufgeführt werden, gleichgültig ob sie in Form von Geld oder in Form von Waren erfolgten. Bei letzteren ist im Übrigen der so genannte Teilwert anzusetzen: Damit ist meist derjenige Wert gemeint, den das Gut bei einem Verkauf erzielen würde.

Das darf auf keinen Fall fehlen – Die wichtigsten Elemente Ihrer Einnahmenüberschussrechnung

Formulare

Amtliche Unterlage „EÜR“ mit

- allgemeinen Angaben,
- Gewinnermittlung,
- Einnahmen,
- Ausgaben
- und ggf. ergänzende Angabe.

(bei Bildung Rücklagen oder Ansparabschreibungen bzw. Schuldzinsenabzug)

Verzeichnisse

- Abnutzbare Wirtschaftsgüter und ihre Abschreibungen (nicht zu vergessen: Ansparabschreibungen!)*
- Nicht abnutzbare Wirtschaftsgüter mit Anschaffungs- bzw. Herstellkosten sowie Anschaffungs- bzw. Herstellungsdatum**
- Geringwertige Wirtschaftsgüter**
- Aufwendungen für Räume und Gebäude, insbesondere bei Nutzung eines Arbeitszimmers*
- Überentnahmen bei Abzug von Schuldzinsen*
- Entnahmen und Einlagen**
- Beschränkt abziehbare Ausgaben wie z. B. Bewirtungen**

Siehe für Vorlagen auch www.herting.biz (→ Service).

Belege

- Rechnungen oder ähnliche Belege für alle Ausgaben**
- Rechnungen für alle Einnahmen**

... und einige Grundsätze für die Erstellung

- Keine Buchung ohne Beleg!
- Zeitnahe Buchungen ermöglichen die laufende Gewinnkontrolle.
- Alle Einnahmen und Ausgaben netto ohne Umsatzsteuer.
- Umsatzsteuerzahlungen sind immer Ausgaben, Umsatzsteuererstattungen sind immer Einnahmen.
- Alle Wertverluste (Abschreibungen) müssen gemäß aktuellen Regelungen laut „AfA-Tabelle“ berechnet werden.
- Eine einfache Buchführung z. B. in Form von Tabellen für alle wichtigen Einnahmen und Ausgaben sowie die Erstellung von allen Verzeichnissen macht die Gewinnermittlung jederzeit nachvollziehbar. Außerdem liefern die Verzeichnisse für den Fall der Fälle eine gute Argumentationsgrundlage gegenüber dem Finanzamt.
- Microsoft Excel oder eine andere Tabellenkalkulation ist ein gutes Hilfsmittel, um Einnahmen und Ausgaben für die verschiedenen Positionen zu addieren und nachvollziehbar zu machen.
- Belege für Einnahmen und Ausgaben in verschiedenen Ordnern abheften, am besten chronologisch sortiert: Dann findet man auch Jahre später noch die Rechnung wieder!
- Aufbewahrung aller Unterlagen für zehn Jahre, bei Online-Dokumenten möglichst auch in Papierform.

* Einreichung beim Finanzamt empfehlenswert

** Einreichung beim Finanzamt nur auf Nachfrage

1.4 Einnahmenüberschussrechnung wasserdicht – was verlangt das Finanzamt wirklich?

Erfahrungsgemäß stellt die Anfertigung der Einnahmenüberschussrechnung auch für „Nicht-Kaufleute“ keine besondere Schwierigkeit dar. Nach einer ersten Eingewöhnung wird das auch für die große Mehrheit der Selbstständigen gelten, die ab dem Wirtschaftsjahr 2005 ihren Gewinn auf Basis des neuen amtlichen Vordrucks ermitteln.

> Bestimmte Formalia sind jedoch unbedingt einzuhalten und einige Positionen spielen für Selbstständige in der Auseinandersetzung mit dem Finanzamt immer wieder eine besondere Rolle.

Diese Aspekte können als „neuralgisch“ gelten:

- Belegpflicht für jede Ausgabe und jede Einnahme,
- Erstellung von Eigenbelegen für Abschreibungen,
- Wahl der geeigneten Abschreibung von angeschafften oder anzuschaffenden Wirtschaftsgütern,
- Einhalten der Vorschriften rund um den Pkw, v. a. in Bezug auf seine Aufwendungen,
- Einhalten der Vorschriften rund um das Arbeitszimmer/das Büro.

Auf diese Aspekte gehen wir nachfolgend näher ein.

Formales – aus leidvoller Erfahrung

Auch in der einfachen Buchführung gilt grundsätzlich, was in der doppelten Buchführung strenge Regel ist:

> Keine Buchung ohne Beleg.

Das bedeutet, dass alle Ausgaben und Einnahmen einen Beleg, in der Regel in Papierform, aufweisen müssen. Und diese Belege müssen Sie zehn Jahre lang – so will es der Gesetzgeber – aufbewahren, denn:

Innerhalb dieses Zeitraums kann jederzeit eine Betriebsprüfung angesetzt werden und hierfür benötigen Sie die Belege. Auch wenn zunehmend Aufzeichnungen in elektronischer Form zugelassen sind, beachten Sie die dazu bestehenden Vorschriften und bedenken Sie vor allem auch, ob Sie die Daten nach zehn Jahren überhaupt noch einlesen könnten. (Ein eindrucksvolles Beispiel ist die Frage: Wer kennt heute noch 5 1/4-Zoll-Disketten, die vor rund zehn Jahren ein sehr gängiges Speichermedium waren?)

Im Folgenden lernen Sie die Erwartungen des Finanzamts an die Einnahmen, besonders aber an die wichtigsten Ausgaben kennen.

Fertigen Sie grundsätzlich für jede Einnahme einen Beleg als Rechnung oder Quittung an und achten Sie, sofern Sie die Belege nicht auf Vordrucken erstellen, auf die wichtigsten Mindestbestandteile wie

- Rechnungsadressat,
- Rechnungsbetrag, ggf. mit Umsatzsteuerausweis,
- Rechnungsempfänger,
- Datum,
- fortlaufende Rechnungsnummer und
- Steuernummer (Einkommensteuer- oder Umsatzsteueridentifikationsnummer, letztere erhalten Sie auf formlosen Antrag vom Bundesamt für Finanzen, 66738 Saarlouis, Fax 0 68 31-45 01 20.)

Können Sie einzelne Ausgaben nicht belegen, versuchen Sie Ersatzbelege zu beschaffen. Dies kann im Einzelfall ein eigenerstellter Beleg sein (z.B. für eine verlorene Parkhausquittung), besser aber Belege, die die Ausgabe plausibel machen (z.B. Reisedokumente bei einer Geschäftsreise).
Für Abschreibungen muss immer ein Eigenbeleg erstellt werden. Jedes Gut, vom Papierkorb bis zum Kfz, erleidet durch seine Nutzung eine Wertminderung. Auf den ersten Blick ist es

eigentlich unlogisch, Abschreibungen in die Einnahmenüberschussrechnung aufzunehmen, stellen diese doch gar keine Ausgaben dar.

> Der eigentliche Sinn der Abschreibung ist die Bezifferung des Wertverlustes – die Ausgabe für dieses Vermögen fand aber zum Zeitpunkt der Investition statt.

Beispiel

Ein von **Rudolf Neu** zum Wert von 12.000 € angeschaffte Gebrauchtwagen entwertet sich jedes Jahr mit einem Sechstel seines Wertes, also in Höhe von 2.000 €. Um diesen Wert sinkt sein Gewinn – und nicht um die 12.000 €, die er zu Beginn seiner Geschäftstätigkeit gezahlt hat, denn dafür hat ja schließlich auch ein Auto erhalten.

Bei Gütern bis zu einem Wert von maximal 410 € (ohne Umsatzsteuer), so genannten geringwertigen Wirtschaftsgütern (GWG), kann die Abschreibung vollständig im Jahr der Anschaffung erfolgen, egal wie lange das Gut genutzt wird. Bei allen anderen Gütern (s. im Einzelnen dazu Kapitel 1.3, zu **Zeilen 19 bis 23**) sind die Wertverluste über den Zeitraum der üblichen Nutzung zu verteilen. Wie lange dieser ist, wird in den so genannten „AfA-Tabellen“ (AfA=Absetzung für Abnutzung) definiert. Diese können von der Website des Bundesfinanzministeriums (www.bundesfinanzministerium.de) oder von der Serviceseite des Autors (www.herting.biz/service) abgerufen werden. Wichtige und häufige Werte finden sich auch im Serviceteil dieses Buches.

Die Abschreibung erfolgt in der Regel linear, das bedeutet mit einem gleichen Prozentsatz je Jahr. Seit 2004 ist die Abschreibung monatsgenau zu bilden, frühere Vereinfachungsregeln gelten nicht mehr.

Beispiel

Der selbstständige Ingenieur **Rudolf Neu** hat seinen Gebrauchtwagen Anfang Oktober angeschafft. Die übliche Nutzungszeit beträgt sechs Jahre, davon sind im Jahr der Anschaffung drei Monate vergangen.

Die Abschreibung beträgt dann 3/72 (= 3 von 72 Monaten) der bezahlten 12.000 €, das sind 500 €.

Die so genannte degressive Abschreibung rechnet sich seit ihrer Begrenzung auf einen maximalen Satz von 20 Prozent meist nicht mehr. Sie erlaubt es, das Wirtschaftsgut mit 20 Prozent abzuschreiben (was in manchen Fällen höher als die lineare Abschreibung sein mag), allerdings mit dem Nachteil, dass ab dem zweiten Jahr immer vom Restwert abgeschrieben wird, der Abschreibungswert dann also sinkt. Ein einmaliger Wechsel zur linearen Abschreibung ist erlaubt.

Beispiel

Im Fall von **Rudolf Neu** würde die degressive Abschreibung 20 Prozent von 12.000 € betragen, also 2.400 € im ersten Jahr, und damit etwas mehr als im linearen Fall (da waren es 2.000 €). Im zweiten Jahr muss vom Restwert abgeschrieben werden (also 12.000 € – 2.400 € = 9.600 €). Die Abschreibung würde nur noch 1.920 € betragen (= 20 Prozent von 9.600 €).

Die ganze Mühe hätte sich nur im ersten Jahr vielleicht gelohnt, nämlich wenn die zusätzlichen 400 € Abschreibung den Gewinn stärker mindern.

Neben diesen regulären Abschreibungen erlaubt der Gesetzgeber noch andere Formen, die es ermöglichen, Wertverluste von geplanten Anschaffungen vorwegzunehmen (Ansparabschreibung) oder bei bereits angeschafften Gütern erhöht abzuschreiben (Sonderabschreibungen).

Selbstständige können in der Regel gem. § 7g Abs. 1–2 EstG Sonderabschreibungen in Anspruch nehmen: Wenn z. B. im laufenden Jahr ein hoher Gewinn erwartet wird, können bis zu 20 Prozent zusätzlich in diesem Jahr von beweglichen Anlagegütern abschrieben werden, natürlich zu Lasten späterer Jahre. Einschränkungen für diese Regelung gibt es z. B. bei höherem Betriebsvermögen, siehe dazu die zitierte Rechtsgrundlage (im Serviceteil dieses Buchs).

Beispiel

Rudolf Neu schafft im Januar einen neuen PC an. Dieser wird üblicherweise nach AfA-Tabelle über drei Jahre abgeschrieben, der jährliche Abschreibungssatz beträgt also 33,33 Prozent. Zusätzlich können z. B. im ersten Jahr 20 Prozent, also insgesamt 53,33 Prozent abgeschrieben werden, in den folgenden Jahren jedoch nur 23,34 Prozent (= (100 Prozent – 53,33)/2).

Mit Hilfe von Ansparabschreibungen gem. § 7 g Abs. 3–8 EstG können Selbstständige innerhalb der vom Gesetz gezogenen Grenzen ihren Gewinn steuern (s. zu den einzelnen Bedingungen auch Kapitel 1.3, zu **Zeilen 52, 60–63**). Für neue, bewegliche Wirtschaftsgüter dürfen Abschreibungen vorgezogen werden und zwar in der Regel zwei Jahre, von Existenzgründern auch fünf Jahre. Diese vorgezogene Abschreibung mindert als „Ausgabe" den Gewinn und senkt die Steuer. Der Unternehmer erhält also eine Art Steuerkredit. Schafft er wie vorgesehen das Wirtschaftsgut an, werden die Abschreibungen zum Zeitpunkt der Anschaffung wieder aufgelöst und die Angelegenheit ist dann steuerunschädlich erledigt, da ja für das neue Wirtschaftsgut zum Zeitpunkt der Anschaffung Abschreibungen gebildet werden dürfen. Wird die Anschaffung unterlassen, muss die Abschreibung nach zwei bzw. fünf Jahren (Existenzgründer) wieder aufgelöst werden, der Betrag ist dann mit sechs Prozent zu verzinsen.

Beispiel

Rudolf Neu beabsichtigt, in zwei Jahren ein neues Notebook im Wert von 3.000 € anzuschaffen. Er bildet bereits heute eine Ansparabschreibung in Höhe von 1.200 € (= 40 Prozent), die seinen aktuellen Gewinn senkt. Nach zwei Jahren schafft er das Notebook an, schreibt es regulär mit 33,33 Prozent zuzüglich Sonderabschreibung in Höhe von 20 Prozent ab, also insgesamt zu 53,33 Prozent. Gleichzeitig löst er die Ansparabschreibung in Höhe von 40 Prozent auf, sodass im Jahr der Anschaffung sein Gewinn noch in Höhe von 13,33 Prozent (=53,33 Prozent – 40 Prozent) gemindert wird. Natürlich ist für die nächsten Jahre nicht mehr viel Abschreibung üblich, nämlich wie im obigen Beispiel erläutert noch 23,34 Prozent.

Vor- und Nachteile der Ansparabschreibung

Die Ansparabschreibung hat einerseits große Vorteile, da sich mit ihr die Besteuerung beeinflussen lässt: In Zeiten hoher Gewinne werden Ansparabschreibungen gebildet, in schlechteren Zeiten wieder aufgelöst. Da der Einkommensteuertarif eine progressive Wirkung hat (s. dazu genauer S. 66 f.), sinkt die Steuer häufig nicht nur absolut, sondern auch relativ.
Aber sie hat auch ihre Nachteile: Häufig versucht die Finanzverwaltung, Ansparabschreibungen nicht anzuerkennen, zumeist mit dem Hinweis, die geplante Anschaffung sei nicht eindeutig zu erkennen (s. dazu im Einzelnen auch Kapitel 1.3, zu **Zeile 59**). Ganz klar ist: Im Einkommensteuergesetz wird nur gefordert, dass eine Anschaffung geplant ist, die Umsetzung kann auch mit den weiter oben geschilderten Konsequenzen entfallen.

So ist es durchaus möglich und legal, Ansparabschreibung auf Ansparabschreibung folgen zu lassen, um über mehrere Jahre den Gewinn zu senken.

Aber kein Vorteil ohne irgendeinen Nachteil. Irgendwann muss jede Ansparabschreibung aufgelöst werden, spätestens zwei bzw. fünf Jahre nach ihrer Bildung, mit sechs Prozent „Strafzins“ und hoffentlich dann in einem Jahr, in dem man es sich aufgrund einer eher schlechten Gewinnsituation auch leisten kann.

Tipp: Überstrapazieren Sie das Instrument der Ansparabschreibung nicht, nutzen Sie es in etwa gemäß Ihren tatsächlichen Investitionsabsichten.

Nicht nur für das Finanzamt werden Ihre Planungen damit glaubhaft, Sie selber bilden auch keine Hypothek auf eine nahe Zukunft, zu der sie dann die Ansparabschreibungen wieder auflösen und auch versteuern müssen.

Die Hauptstreitpunkte: Pkw und Arbeitszimmer/Büro

Geht es um die Anerkennung der meist größten Ausgabenblöcke vieler Selbstständiger, ist nicht nur formal, sondern auch inhaltlich die ein oder andere Falle zu vermeiden. Gerade in jüngster Zeit ist die Finanzverwaltung hier eher kleinlich geworden.

Der Pkw

Bei der Gewinnermittlung nach § 4 Abs. 3 EStG gehören Wirtschaftsgüter, die zu mehr als 50 Prozent betrieblich genutzt werden, zum so genannten „notwendigen Betriebsvermögen“, d. h., die durch sie verursachten Ausgaben sind grundsätzlich zu berücksichtigen. Mit Urteil des Bundesfinanzhofs vom 2.10.2003 darf auch so genanntes „gewillkürtes Betriebsvermögen“ berücksichtigt werden, d. h. konkret, ab einer betrieblichen Nutzung in Höhe von zehn Prozent der Gesamtnutzung dürfen alle anteiligen Aufwendungen berücksichtigt werden.

Im Falle des Pkws dürfen dann alle Ausgaben in voller Höhe berücksichtigt werden, also z. B. Benzin, Reparaturen, Versicherungsprämien, Kfz-Steuer und die Abschreibung.

Allerdings geht das Finanzamt selbstverständlich davon aus, dass Selbstständige den Firmenwagen auch für Fahrten zwischen Wohnung und Betrieb und für andere Privatfahrten nutzen. Der hierfür zu ermittelnde „Nutzungswert" darf nicht als Ausgabe berücksichtigt werden. Da der Umfang entscheidend die Berücksichtigung der Ausgaben beeinflusst, entstehen leicht Meinungsverschiedenheiten zwischen Amt und Steuerpflichtigem. Für die Ausgabenposition Fahrzeug gilt deshalb: Falls die Ausgaben in vollem Umfang angesetzt werden, muss ein Fahrtenbuch geführt werden, das gemäß LStR 2001 R 31 Abs. 9 für jede geschäftliche Fahrt folgende Angaben enthalten muss:

- Datum,
- Kilometerstand am Anfang und
- Kilometerstand am Ende der Fahrt,
- Reiseziel,
- Reiseroute,
- Reisezweck,
- Name des aufgesuchten Gesprächpartners oder der besuchten Institution.

Bei Privatfahrten reicht die Kilometerangabe. Zur Vereinfachung können anerkannte Vordrucke im Schreibwarenhandel erworben werden.

> Tipp: Um nachteilige Folgen bei der Anrechnung des geschäftlich genutzten Pkws zu vermeiden, sollten Sie das Fahrtenbuch sehr genau führen.

Inwieweit dieses auch elektronisch z. B. in Form einer MS Excel geführten Tabelle zulässig ist, wird zurzeit vom obersten deutschen Finanzgericht geklärt.
Folgende Fallen können Sie vermeiden:

- Eine nicht handschriftliche Erfassung, also eine Erfassung per Computer, kann bislang nur anerkannt werden, wenn es sich um ein fest eingebautes, amtlich anerkanntes Erfassungsgerät handelt.

- Die Fahrtstrecken, der Benzinverbrauch und die angefahrenen Tankstellen (erkennbar durch die Belege) müssen logischerweise miteinander kompatibel sein.
- Behaupten Sie nicht, Sie fahren privat nur Fahrrad. Die Finanzverwaltung ist von dieser sehr unwahrscheinlichen Annahme schwer zu überzeugen.
- Behaupten Sie auch nicht, dass Sie geschäftlich jedes Jahr fast einmal um die Welt fahren, zudem nie mit der Bahn. In diesem Fall sollten Sie damit rechnen, bei Gelegenheit den Stand Ihres Kilometerzählers einem Sachbearbeiter der Finanzverwaltung vorführen zu müssen.

Nur ein gut geführtes Fahrtenbuch wird einwandfrei den Umfang privater Nutzung dokumentieren. Für diese hat der Gesetzgeber folgende Regeln erlassen:

- Die für Privatfahrten anfallenden Ausgaben dürfen den Gewinn nicht mindern.
- Für Fahrten zwischen Wohnung und Betriebsstätte (z. B. in ein angemietetes Büro) oder auch für so genannte Familienheimfahrten erlauben die Einkommensteuerrichtlinien 2001 (R 23), dass sie den Gewinn mindern, allerdings nur um so viel, wie ein Arbeitnehmer für seine Fahrten an Werbungskosten abziehen darf – und das ist die Entfernungspauschale in Höhe von 0,30 €/km. Diese darf allerdings auch nur für die einfache Entfernung angesetzt werden. Der entsprechende Jahreswert wird in **Zeile 29** der EÜR eingesetzt. Um eine Doppelerfassung zu vermeiden, müssen die gesamten Fahrtkosten (**Zeile 26**) um die Aufwendungen für Wege zwischen Wohnung und Betrieb (in **Zeile 27**) gekürzt werden.

  Der Aufwand, den das regelmäßige Führen eines Fahrtenbuchs mit sich bringt, ist gegenüber den Nachteilen einer pauschalen Ermittlung abzuwägen.

Die folgende Tabelle stellt die wichtigsten Regelungen bei Ermittlung des Nutzungswertes als nicht abziehbarer Privatanteil auf Basis eines Fahrtenbuchs oder in der pauschalen Form einander gegenüber:

Art der Fahrten	Fahrtenbuchmethode	Pauschale Methode
Privatfahrten	Privatanteil in Höhe von gefahrenen km x ermittelte Ausgabe je km **= Nutzungswert**	Privatanteil in Höhe von 1,0 % des Listenpreises x Anzahl der Monate **= Nutzungswert**
Fahrten zwischen Wohnung und Betriebsstätte	Einfachentfernung km x 2 · Zahl der Arbeitstage · ermittelte Ausgabe je km · Arbeitstage	0,03 % des Listenpreises · Einfachentfernung · Anzahl der Monate · Arbeitstage
	= Nutzungswert	**= Nutzungswert**

Ermittlung des Privatanteils bei Pkw-Ausgaben

Welche Methode für Sie in einem bestimmten Jahr vorteilhafter ist, kommt auf die ermittelten Werte an. Sammeln Sie Ihre gesamten Ausgaben für das Fahrzeug und ziehen Sie davon die Entfernungspauschale (= gefahrene Kilometer x 0,30 €) ab:

Bei großer Differenz ist die Führung eines Fahrtenbuchs und die so mögliche Ermittlung der Ausgaben je Fahrt sinnvoll, ansonsten ist die pauschale Methode vorzuziehen. Je älter der verwendete Pkw, umso mehr lohnt sich ein Fahrtenbuch, da sonst der hohe Listenpreis (eines Neuwagens!) für die Ermittlung des Nutzungswerts angesetzt wird.

Beispiel

Der von **Rudolf Neu** für 12.000 € gebraucht erworbene Geschäfts-Pkw wies einen Listenpreis von ursprünglich 24.000 € auf.
Pauschal ergibt sich dann bei ganzjähriger Nutzung ein Privatanteil in Höhe von 24.000 x 1 Prozent x 12 = 2.880 €. Dieser darf nach pauschaler Ermittlung nicht als Ausga-

be angesetzt werden, obwohl die tatsächlichen Ausgaben für die private Nutzung bei diesem gebrachten Pkw wahrscheinlich viel niedriger waren.

Das jedoch wäre – wenn auch mit einigem Aufwand – leicht durch ein Fahrtenbuch zu ermitteln: In diesem Fall müsste Herr Neu den Anteil der ermittelten privaten Kilometer von allen Ausgaben für seinen Pkw abziehen.

Angenommen, er fährt zu 20 Prozent privat und hat Gesamtausgaben in Höhe von 4.550,31 €, so wären das die in seiner Einnahmenüberschussrechnung ausgewiesenen 3.640,25 € für laufende Kfz-Kosten (**Zeile 26**).

Somit müsste er nicht 2.880 €, sondern nur 910,06 € (= 4.550,31 – 3.640,25 €), also 1.969,94 € weniger, als Einnahme für private Kfz-Nutzung (in **Zeile 9**) ansetzen. Hier empfiehlt sich also unbedingt der Mehraufwand des Fahrtenbuchs.

Das Arbeitszimmer/Büro

Eine weitere wichtige Ausgabenposition für die meisten Selbstständigen ist das Büro/Arbeitszimmer. Während die Ausgaben für ein Büro als von der Wohnung getrennte Betriebsstätte immer im vollen Umfang als Ausgabe zu berücksichtigen sind, beschäftigt der Rechtsstreit um die Frage, was ein Arbeitszimmer ist und in welchem Umfang die Ausgaben anzuerkennen sind, Finanzgerichte – und zwar bis zum Bundesfinanzhof – seit Jahren. Erst jüngst hat das oberste deutsche Finanzgericht definiert, was ein Arbeitszimmer ist: „Häusliches Arbeitszimmer“ i. S. des § 4 Abs. 5 Satz 1 Nr. 6b EStG ist ein Raum, der seiner Lage, Funktion und Ausstattung nach in die häusliche Sphäre des Steuerpflichtigen eingebunden ist und vorwiegend der Erledigung gedanklicher, schriftlicher oder verwaltungstechnischer bzw. -organisatorischer Arbeiten dient (BFH Urteil vom 19.09.2002, AZ VI R 70/01, ähnlich BFH Urteil vom 16.10.2002, AZ XI 89/00).

In welcher Höhe Ausgaben anerkannt werden können, hängt davon ab, in welchem Umfang der Raum genutzt wird. Hier gelten im Allgemeinen gemäß Schreiben des Bundesministeriums der Finanzen vom 1.7. und 19.9.2004 (BStBl I, S. 143 und 861) folgende Regelungen:

- Ist das Arbeitszimmer Mittelpunkt der gesamten selbstständigen Tätigkeit, sind alle Ausgaben, die für das Arbeitszimmer notwendig sind, abzugsfähig.
  Bei dieser Formulierung sind Begriffe wie „Mittelpunkt" und „notwendig" durchaus interpretationsfähig.

Dies wird beispielsweise bei einem selbstständigem Steuerberater der Fall sein, nicht aber automatisch bei einem freiberuflichem Rundfunkredakteur, der seine Texte im Studio vorträgt.

  Nach überwiegender Rechtsprechung ist aber eine rein zeitliche Abgrenzung nicht zulässig.
- Wenn der Raum zu mehr als 50 Prozent genutzt wird, dürfen bis zu 1.250 € der nachgewiesenen Aufwendungen abgezogen werden.

Da Regelungen weiterhin im Einzelnen höchstrichterlich überprüft werden, sollten Sie im Zweifelsfall alle Ausgaben für Ihr Arbeitszimmer anführen. Dazu gehören neben der Einrichtung die Zahlungen für Miete, Strom, Gas, Wasser etc. Ein Kargheitsgebot besteht nicht: Richten Sie Ihr Arbeitszimmer so ein, dass Sie sich wohlfühlen. Wo genau die Grenze für Aufwendungen besteht, wird dann im Einzelfall entschieden.

Der selbstständige Psychologe braucht eine Couch, aber auch der freiberufliche Journalist?

Tipp: Trennen Sie unbedingt zwischen den Ausgaben für das Arbeitszimmer und den Ausgaben für Arbeitsmittel und führen Sie diese so nachvollziehbar wie möglich in einem separaten Verzeichnis auf. Den Gesamtwert setzen Sie in **Zeile 31** der EÜR ein.

Denn: Selbst wenn ein Arbeitszimmer nicht anerkannt wird, besteht auf diese Art dann trotzdem die Möglichkeit, dass die angegebenen Arbeitsmittel, die im Arbeitszimmer verwendet werden, anerkannt werden. Arbeitsmittel sind beispielsweise: Computer und weitere Hardware, Materialien, Fachliteratur, Schreibgeräte etc. Nicht hierzu gehören Möbel.

Dokumentieren Sie Art und Einrichtung Ihres Arbeitszimmers, um eventuellen Streitigkeiten mit dem Finanzamt vorzubeugen. Sinnvoll ist hier die Vorlage eines Bauplans oder von Fotografien oder Sie laden gar den Sachbearbeiter zu sich ein, damit er sich Ihr Arbeitszimmer einfach mal ansieht!

Eher begünstigend für eine unproblematische und damit auch dauerhafte Anerkennung wirken sich folgende Umstände aus:

- Das Arbeitszimmer weist nur einen geringfügigen Flächenanteil im Verhältnis zur Wohnung auf;
- das Arbeitszimmer ist räumlich getrennt von anderen Räumen der Wohnung und ist kein Durchgangszimmer;
- das Arbeitszimmer ist „typisch" eingerichtet, d. h., der Schreibtisch – und nicht die Sitzecke – bildet das wichtigste Möbelstück im Raum.

Hinweis: Das Arbeitszimmer ist steuerlich gesehen kein Büro, ansonsten würde es sich um eine Betriebsstätte gemäß § 12 AO handeln. Diese dient ausschließlich der Tätigkeit des Unternehmens, wobei hier typischerweise an Fabrikationshallen, Verkaufsräume, Verwaltungsbüros oder auch ganze Niederlassungen zu denken ist.

Auf den Punkt gebracht:

- Angehörige der freien Berufe und kleinere Gewerbetreibende innerhalb der erläuterten Einnahmengrenzen können sich bei der Gewinnermittlung auf die Einnahmenüberschussrechnung beschränken.

- Für kleinere Unternehmen ist es zusätzlich ratsam, dieses Instrument so lange wie möglich oder auch zusätzlich zur Bilanzierung einzusetzen.

- Die Einnahmenüberschussrechnung in ihrer Grundform ist durch die steuerrechtliche Absicht der Gewinnermittlung charakterisiert.

- Sie saldiert alle belegbaren Einnahmen und Ausgaben, letztere inklusive der vorzunehmenden Wertverluste von aktuellem oder noch anzuschaffendem Anlagevermögen.

- Auf Basis einer weiteren betriebswirtschaftlichen Differenzierung und Unterscheidung von zahlungs- und gewinnorientierten Vorgängen erlaubt sie die Überwachung der Zahlungsfähigkeit und die Feststellung des Gewinns.

- Um die Einnahmenüberschussrechnung zwecks Vorlage beim Finanzamt abzusichern, muss auf die Einhaltung bestimmter Formalia (Verwendung des amtlichen Vordrucks ab 1.1.2005, Belege, Aufbewahrungszeiten, erklärende Dokumente) geachtet werden.

- Insbesondere bei den Ausgaben für Pkw und Arbeitszimmer ist eine genaue Abgrenzung zwischen geschäftlich und privat vorzunehmen, da ansonsten die anfallenden Ausgaben insgesamt nicht immer anerkannt werden.

2 Steuerplanung auf Basis der EÜR

Steuern einplanen und begrenzen

2.1 Die wichtigsten Steuern für Freiberufler und kleine Unternehmen

Von verwirrender Fülle scheinen die in der Bundesrepublik Deutschland zu entrichtenden Steuern sein. Für die Praxis kleiner Unternehmen und freiberuflich arbeitender Personen zählen jedoch nur wenige zu den wirklich wichtigen und belastenden Abgaben. Diese lassen sich leicht unter Bezugnahme auf die Einnahmenüberschussrechnung aufzählen:

- Steuer auf den Umsatz: Werden Einnahmen aus Umsatz erzielt, so sind diese in der Regel umsatzsteuerpflichtig (umgangssprachlich wird hier üblicherweise von „Mehrwertsteuerpflicht" gesprochen; für die vorliegende Darstellung wird die offizielle Bezeichnung „Umsatzsteuer" verwendet).
- Steuer auf den Gewinn: Wird ein Gewinn erzielt, so ist dieser einkommensteuerpflichtig. Das bedeutet: Ein Verlust kann die Einkommensteuer mindern. Ist der Gewinn nicht im Rahmen einer freiberuflichen Tätigkeit gem. § 18 Abs. I EStG erzielt worden, wird zusätzlich auf diesen Gewerbesteuer fällig.

Indirekt werden auch andere Steuern gezahlt: Denken Sie etwa an Verbrauchsteuern wie beispielsweise die Mineralölsteuer und die Ökosteuer bei Benzin, Öl und Gas oder an die Versicherungssteuer, die für jede Art von Versicherung anfällt. Und wenn es mal etwas zu feiern gibt, erhebt der Gesetzgeber eine Steuer auf jede Flasche Sekt. Diese – in den Ausgaben bereits berücksichtigten – Steuern sollen im Folgenden nicht weiter dargestellt werden, da sie im Rahmen der EÜR nicht beeinflussbar sind. Umsatz- und Einkommensteuer hingegen sind direkt von den in der Einnahmenüberschussrechnung ermittelten Werten abhängig. Obendrein beeinflussen sie sich gegenseitig. Deshalb werden im Folgenden diese zwei Steuern im Überblick dargestellt.

Wir konzentrieren uns auf folgende Fragen:

- Inwieweit können wir der steuerlichen Belastung entgegensteuern?
- Von welchen Parametern ist die steuerliche Belastung überhaupt abhängig?

Hinweis

Beachten Sie bitte, dass der Rechtsstand dieses Buches April 2005 ist. Grundsätzlich gilt: Nichts ist so vergänglich wie ein Steuergesetz. Auch aus diesem Grund beschränkt sich die folgende Darstellung auf die Beschreibung der wichtigen Strukturen.
Aktuelle Änderungen können Sie jedoch problemlos auf den im Serviceteil wiedergegebenen Internet-Adressen aus dem Steuerbereich nachverfolgen.

2.2 Die Umsatzsteuer

Die Besteuerung laufender Umsätze gilt grundsätzlich für alle selbstständig ausgeübten Tätigkeiten. Immer noch existieren hier zahlreiche Missverständnisse, so beispielsweise, dass die in Abschnitt 1.2 definierten, freien Berufe nicht steuerpflichtig seien. Der Gesetzgeber sagt in § 1 Abs. 1 UStG jedoch ganz deutlich:
„Der Umsatzsteuer unterliegen die folgenden Umsätze: 1. die Lieferungen und sonstigen Leistungen, die ein Unternehmer im Inland gegen Entgelt im Rahmen seines Unternehmens ausführt“ (…).

Steuerpflichtig sind also alle Lieferungen

- und alle sonstigen (Dienst-)leistungen eines Unternehmers, ganz unabhängig von seinen weiteren Eigenschaften wie gewerblich oder freiberuflich, haupt- oder nebenberuflich,
- im Inland,
- im Rahmen seines Unternehmens, also immer dann, wenn er nicht ausschließlich privat handelt.

Insbesondere die letzte Eingrenzung führt zu Regelungen, die von vielen als nachteilig empfunden werden, wie z. B. der Eigenverbrauch, also die private Nutzung betrieblichen Vermögens oder die Warenentnahme für private Zwecke. Für den Gesetzgeber sind solche Vorgänge wie ein Verkauf an sich selbst, also umsatzsteuerpflichtig. Insofern müssen in **Zeile 9** der EÜR Umsatzsteuerbeträge für die private Kfz-Nutzung und sonstige Leistungsentnahmen (beziffert in der **Zeile 9**) aufgeführt werden.
Alle Umsatzsteuervoranmeldungen sind in der Regel bis 10. des Folgemonats unaufgefordert dem Finanzamt einzureichen. Die Voranmeldungen teilen dem Finanzamt mit, wie viel Umsatz- und Vorsteuer im abgelaufenen Quartal angefallen ist. Die Differenz muss entweder kurzfristig überwiesen (Umsatzsteuer > Vorsteuer) oder erstattet (Vorsteuer > Umsatzsteuer) werden.

Beispiel

Im Januar hat **Rudolf Neu** durch Beratungstätigkeit 5.000 € zzgl. 16 Prozent Umsatzsteuer eingenommen. Im gleichen Zeitraum hat er Ausgaben für sein Geschäft im Wert von 2.000 € getätigt, auch diese unterlagen der 16%igen Umsatzsteuer. Er meldet dem Finanzamt: Mehrwertsteuer : 16 Prozent x 5.000 € = 800 €, Vorsteuer : 16 Prozent x 2.000 € = 320 €. Zu zahlen hat er insofern 480 € (= 800 € – 320 €), da die Mehrwertsteuer größer als die Vorsteuer ist.

Stellen Sie formlos beim Finanzamt einen Antrag auf Dauerfristverlängerung nach § 46 UStDV. So können Sie sich einen Monat länger mit den jeweiligen Voranmeldungen Zeit lassen. Die Finanzämter achten penibel darauf, dass Sie fristgerecht abgeben. Für die Umsatzsteuervoranmeldungen bedeutet das:

- bis 10. des Folgemonats oder
- bis 10. des zweiten Folgemonats im Falle der Dauerfristverlängerung.

Fällt die ermittelte Frist auf ein Wochenende oder einen Feiertag, so gilt der Tag danach als Frist. Beachten Sie jedoch: Innerhalb dieser Frist muss die Erklärung zugegangen sein. Die Erklärung im Rahmen einer elektronischen Steuererklärung ist ab 1.1.2005 vorgeschrieben (die offizielle Software mit Erläuterungen finden Sie unter www.elster.de). Kurz vor Drucklegung hat die Finanzverwaltung Nordrhein-Westfalen diese Vorschrift schon wieder aufgehoben – so viel zur Dauerhaftigkeit des Steuerrechts. Nach Abschluss des Jahres ist schließlich eine Umsatzsteuererklärung abzugeben: Rechtlich gesehen wird es jetzt verbindlich, da Sie ja vorher nur Umsatzsteuervoranmeldungen abgegeben haben. Diese Erklärung können Sie (noch) wie bisher per Post einreichen.
Für die meisten Selbstständigen stehen in Hinblick auf die Umsatzsteuer zwei Fragen im Vordergrund:

- Muss ich Umsatzsteuer zahlen?
- Wenn ja, wie viel Umsatzsteuer muss ich zahlen?

Bin ich umsatzsteuerpflichtig?

Sofern eine selbstständige Tätigkeit in irgendeiner Form vorliegt, lautet die Antwort grundsätzlich: Ja.
Alle Umsätze sind gem. § 12 UStG in der Regel mit 16 Prozent, in Ausnahmefällen (z.B. Druckerzeugnisse, Lebensmittel) mit sieben Prozent zu versteuern und dem Finanzamt monatlich, bei einer jährlichen Steuerpflicht in Höhe von weniger als 6.136 € im Jahr vierteljährlich, anzuzeigen. Das gilt auch,

wenn eine Erstattung nur ab 6.136 € erwartet wird. Bei noch geringeren Umsätzen, die zu einer geringeren Umsatzsteuerpflicht als 512 € jährlich führen, kann das Finanzamt auf Antrag erlauben, nur eine Jahreserklärung abzugeben.

Glücklicherweise gilt aber überall und ganz besonders im Bereich der Steuern: Keine Regel ohne Ausnahme. So gibt es für bestimmte Unternehmer und für bestimmte Tätigkeiten wichtige Ausnahmeregelungen:

- „Kleinunternehmer" können sich befreien lassen: Liegt der Umsatz im laufenden Kalenderjahr voraussichtlich unter 50.000 € und hat er im vergangenen Jahr 17.500 € nicht überschritten, kann ein Antrag auf Befreiung gestellt werden. Allerdings entfällt bei erfolgreichem Bescheid die Möglichkeit des Vorsteuerabzuges, also: Vorsicht!
- Einzelne Leistungen sind von der Umsatzsteuer grundsätzlich befreit. § 4 UStG nennt hier eine lange Reihe von Einzelfällen, wie Lieferungen in das Ausland, Umsätze für Krankenhäuser und gemeinnützige Einrichtungen, aber auch Umsätze von Bahn und Post. Und wieder gilt: Keine Vorsteuer ohne Umsatzsteuer. Erhält der Selbstständige Umsätze teils mit und teils ohne Umsatzsteuer, so kann er die Vorsteuer auch nur im entsprechenden Verhältnis zurückfordern.
- Existenzgründer müssen in den beiden ersten Jahren immer monatliche Erklärungen abgeben.

Ab dem 1.1.2005 müssen (eigentlich) alle Voranmeldungen elektronisch abgegeben werden. Unter www.elster.de finden Sie die notwendigen Eingabemasken (s. zur elektronischen Abgabe auch die Hinweise in Kap. 1.3). Wenn Sie die Umsatzsteuer trotz Steuerpflicht nicht ausweisen, müssen Sie damit rechnen, diese zu einem späteren Zeitpunkt aus Ihrer eigenen Tasche zu zahlen.
Die Rechnungsausstellung muss die Umsatzsteuer grundsätzlich berücksichtigen. Nur wenn der Gesamtbetrag 100 € nicht übersteigt, reicht der Hinweis auf den Steuersatz („Der Betrag enthält

die gesetzliche Umsatzsteuer in Höhe von 16 %“). Bei höheren Rechnungen nennt § 14 UStG die notwendigen Bestandteile.

Notwendige Bestandteile einer Rechnung

- Namen und Anschrift des Unternehmers,
- Namen und Anschrift des Leistungsempfängers,
- Menge und die handelsübliche Bezeichnung des Gegenstandes der Lieferung oder Art und den Umfang der sonstigen Leistung,
- Zeitpunkt der Lieferung oder der sonstigen Leistung,
- Entgelt für die Lieferung oder sonstige Leistung
- und der auf das Entgelt entfallende Steuerbetrag (gesondert ausweisen!) oder der Hinweis auf die Steuerbefreiung.

Außerdem ist die Angabe der Steuernummer zwingend vorgeschrieben. Das ist die Einkommensteuernummer oder alternativ die so genannte Umsatzsteueridentifikationsnummer (s. dazu S. 43).
Auch wenn Ihnen diese Bestimmungen vielleicht etwas bürokratisch vorkommen:

> Rechnungen, die diese Formalien sträflich vernachlässigen, sollten Sie selbst auch nicht annehmen.

Definieren Sie sich doch einfach ein für allemal eine Vorlage in Ihrer Textverarbeitung, die alle entsprechenden Angaben beinhaltet, und Sie sind auf der sicheren Seite.

Wie viel ist zu zahlen?

Wer Umsatzsteuer zahlt, ist berechtigt, diese mit der so genannten Vorsteuer zu verrechnen. Diese ist in allen Ausgaben enthalten, die für den Betrieb getätigt worden sind. Das bedeutet: Nur die Differenz zwischen Umsatz- und Vorsteuer muss gezahlt werden. Ist diese Differenz negativ, so erhält das Unternehmen gar eine Erstattung. Zur Verrechnung von Umsatz- und Vorsteuer finden Sie auf den Seiten 62/63 ein Beispiel.

Beispiel

Ende 2005 ermittelt **Rudolf Neu** für das abgelaufene Jahr seine Umsatzsteuerverbindlichkeiten zur Vorbereitung der Umsatzsteuererklärung.

Berechnung Umsatzsteuer 2005

Dipl.-Ing. Rudolf Neu

1	**Einnahmen**		
	a	aus Beratungstätigkeit	45.455,00 €
	b	aus Veröffentlichungen	19.200,64 €
	c	aus Verkauf von Anlagen	11.500,00 €
	d	aus Eigenverbrauch (Kfz, Telefon)	1.000,00 €
	e	vereinnahmte Umsatzsteuer/ auf Eigenverbrauch	10.616,84 €
Summe			**87.772,48 €**
2	**Ausgaben**		
	a	für Personal	13.905,99 €
	b	für Geschäftsräume	6.000,00 €
	c	für Verbrauchsmaterial	3.935,25 €
	d	für Dienstleistungen	543,21 €
	e	für Kfz	3.640,25 €
	f	für Werbung	2.955,11 €
	g	für Porto, Telefon	1.555,00 €
	h	für Abschreibungen	3.512,50 €
	i	für Ansparabschreibungen	1.200,00 €
	j	für Abgang von Anlagevermögen	6.000,00 €
	k	für Zinsen	544,56 €
	l	Vorsteuer	2.980,61 €
Summe			**46.772,48 €**
3	**Gewinn/Verlust**		**41.000,00 €**

Neu erzielte zwei Einnahmearten: aus Beratungstätigkeit (Umsatzsteuersatz 16 %) und aus Veröffentlichungen (Umsatzsteuersatz 7 %). Zudem war der Verkauf von Anlagen und Eigenverbrauch zu 16 % mehrwertsteuerpflichtig. Für Ausgaben hat er für die Positionen 2.b–g 16 % Umsatzsteuer gezahlt. Der Gesamtbetrag findet sich in Position 2.l.

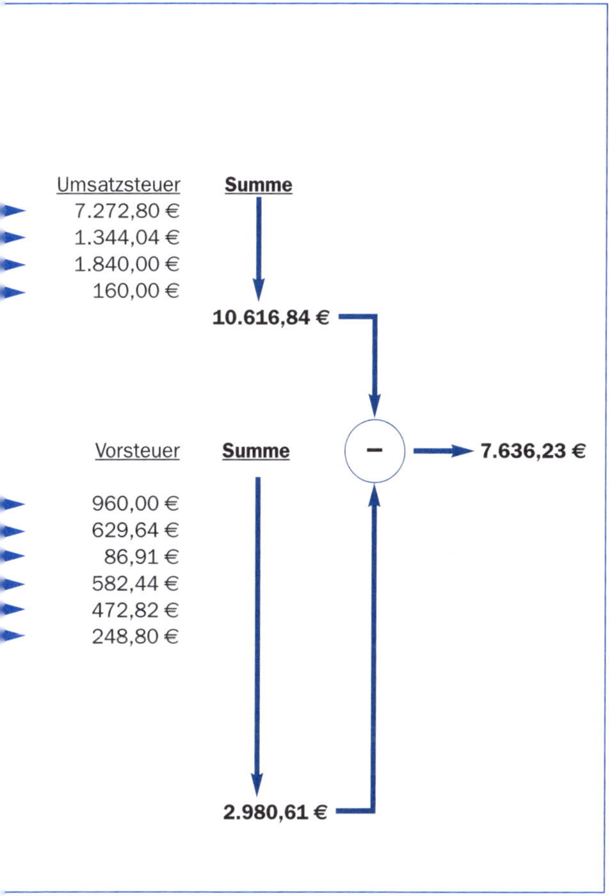

Insgesamt hat Neu die Differenz aus Umsatz- und Vorsteuer zu zahlen, nämlich 7.636,23 €. Der Wert wird als gezahlte Umsatzsteuer in 2006 als Ausgabe verbucht.

Hat Rudolf Neu seine Voranmeldungen korrekt durchgeführt, ist der Betrag bereits im Laufe des Jahres abgeflossen.

Für Selbstständige ist die Umsatzsteuer also eigentlich vorteilhaft, denn sie erlaubt die Erstattung/Verrechnung selbst gezahlter Beträge. Und: Die vom Unternehmer zu zahlende Umsatzsteuer wird ja an die Kunden weitergegeben, diesen also in Rechnung gestellt. Insofern wird häufig gesagt: „Die Umsatzsteuer ist nur ein durchlaufender Posten."

Betriebswirtschaftlich gesprochen, darf die Liquiditätswirkung der Umsatzsteuer nicht unterschätzt werden. Besonders wenn die Kunden langsamer zahlen als geplant, kann es schwierig werden. Da das Finanzamt nur von den ausgestellten Rechnungen ausgeht, wird oft die Umsatzsteuer für den Unternehmer zur Zahlung fällig, bevor er sie von Kunden als Teil der Gesamtzahlung erhalten hat. Die Umsatzsteuer beeinflusst auch indirekt eine weitere wichtige Zielsetzung, nämlich Umsatz und Gewinn: Die erhaltene Umsatzsteuer erhöht den Gewinn in der Einnahmenüberschussrechnung (s. **Zeile 6** der EÜR), die gezahlte (s. **Zeile 51**) senkt ihn. Damit wird indirekt dann auch die Einkommensteuerhöhe beeinflusst. Lassen Sie es nicht darauf ankommen, wegen drohender Umsatzsteuerverbindlichkeiten in Liquiditätsschwierigkeiten zu kommen. Bitten Sie das Finanzamt, Sie gemäß § 20 UStG nach „vereinnahmten Entgelten" zu besteuern.

Das ist möglich,

- wenn der Gesamtumsatz des letzten Jahres nicht höher war als 125.000 € oder
- wenn Sie z. B. Angehöriger eines freien Berufes sind (gemäß § 18 Abs. 1 Ziffer 1).

Für den Fall, dass Sie nicht von dieser Regelung profitieren können, gilt folgender Rat:

> Reservieren Sie Liquidität für die Bezahlung der Umsatzsteuer.

Machen Sie – ähnlich wie in obigem Beispiel – eine kleine Nebenrechnung auf, um die Umsatzsteuerverbindlichkeiten nicht aus dem Blick zu verlieren.

Vergessen Sie in Ihren Rechnungen nicht den Umsatzsteuerausweis, sonst ist Ihr Kunde nicht verpflichtet, Ihnen 16 Prozent auf den Rechnungsbetrag zu zahlen, Sie jedoch schulden diesen Betrag dem Finanzamt immer, i. d. R. durch Bankeinzug von dem Konto, das Sie in der Voranmeldung angegeben haben.

2.3 Die Einkommensteuer

Der in der Einnahmenüberschussrechnung ermittelte Gewinn wird der Einkommensteuer unterworfen. Im Folgenden werden die für Selbstständige wichtigsten Regelungen des Einkommensteuerrechts vorgestellt.
Jedes Jahr ist es wieder soweit: Das Finanzamt pocht auf die persönliche Steuerpflicht, eine Einkommensteuererklärung wird fällig. Diese ist in der Regel bis Ende Mai, auf Antrag auch bis Ende September abzugeben.
Was aber fällt nun unter die Einkommensteuer? Der Gesetzgeber definiert im § 2 EStG sieben Einkunftsarten:

- Einkünfte aus Land- und Forstwirtschaft (Nr. 1)
- Einkünfte aus Gewerbebetrieb (Nr. 2)
- Einkünfte aus selbstständiger Arbeit (Nr. 3)
- Einkünfte aus nichtselbstständiger Arbeit (Nr. 4)
- Einkünfte aus Kapitalvermögen (Nr. 5)
- Einkünfte aus Vermietung und Verpachtung (Nr. 6)
- Sonstige Einkünfte (Nr. 7)

Nur dann, wenn eine Einnahme bzw. Ausgabe unter eine dieser sieben Einkunftsarten fällt, stellt sich die Frage nach der Steuerpflicht, wobei der in der Einnahmenüberschussrechnung ermittelte Gewinn zumeist der Einkunftsart Nr. 3 zuzurechnen ist. Freiberufler sind verpflichtet, sich zu Beginn ihrer selbstständigen Tätigkeit selbst beim Finanzamt anzumelden. Das ist schon deshalb notwendig, um eine Steuernummer für die korrekte Ausstellung der ersten Rechnungen zu erhalten. Nach Anmeldung versendet das Finanzamt einen Fragebogen, der u.a. Auskunft über die voraussichtliche Höhe des Gewinns ver-

langt. Entsprechend der gemachten Angaben wird „veranlagt", d.h. zumeist vierteljährliche Vorauszahlungen, gefordert.
Hier lauert eine weitere Liquiditätsfalle: Wird unzutreffend veranlagt, ergeben sich Zahlungen für das erklärte Jahr (beispielsweise 2005). Sind diese zu niedrig, ist mit hohen Nach- und dann auch hohen Vorauszahlungen zu rechnen, nachdem die genauen Werte in der Einkommensteuererklärung festgestellt wurden.

> Um das zu vermeiden, sollten Sie unbedingt realistische Vorauszahlungen leisten.

Die Höhe der Vorauszahlungen können Sie nach Rücksprache mit dem Finanzamt formlos jederzeit abändern.

Unternehmerisch ist bei der Einkommensteuer besonders bedeutsam, dass eben die Summe aller Einkünfte besteuert wird, sodass sich Gewinne und Verluste ausgleichen können. Wie hoch die Steuer letztlich ist, hängt ganz von den persönlichen Verhältnissen des zu Besteuernden ab. Die Berücksichtigung individueller Freibeträge, die Einrechnung von Ehepartnern und Kindern und vielfältige sonstige Faktoren beeinflussen die Steuerzahlung deutlich. Hier ist es hilfreich, eigene Daten in eines der am Markt erhältlichen Steuerprogramme einzugeben, um eine effektive Belastung zu ermitteln (vgl. Serviceteil).

Der Tarif der Einkommensteuer wurde in den vergangenen Jahren mehrfach angepasst, ab 1.1.2005 ist er wie folgt aufgebaut. Mögliche Änderungen durch eine neue Bundesregierung sind zur Zeit der Drucklegung nicht absehbar.

- Von dem zu versteuernden Einkommen bleibt ein Grundfreibetrag von bis zu 7.664 € unbesteuert (für Verheiratete gelten immer die doppelten Beträge).
- In der ersten Progressionszone (7.665 € bis 12.739 €) steigt die Steuerbelastung von 15 Prozent auf 25 Prozent an.
- In der zweiten Progressionszone (12.740 € bis 52.151 €) steigen die Steuersätze von 25 Prozent auf 42 Prozent.

- Ab 52.152 € ist die Steuerbelastung gleichbleibend 42 Prozent.

Zusätzlich wird in der Regel der „Solidaritätszuschlag“ in Höhe von 5,5 Prozent der Steuersumme erhoben sowie ggf. der Kirchensteuersatz.

Die Steuer wird abzogen vom zu versteuernden Einkommen, also von der Gesamtsumme aller Einkünfte wie z. B. Gewinn aus selbstständiger Tätigkeit abzüglich individueller Freibeträge (z. B. für Kinder) und Sonderausgaben (z. B. für Versicherungen). Betrachtet man die Einkommensteuer genauer, so zählt sie häufig zu den bedeutendsten Belastungen im unternehmerischen Leben. Zu unterscheiden ist allerdings die Grenzbelastung, d. h. der Abzug „vom letzten Euro“ und die Durchschnittsbelastung, d. h. die Belastung „aller Euros“. Die folgende Abbildung zeigt die entsprechenden Grenz- und Durchschnittssteuersätze für den aktuellen Tarif 2005:

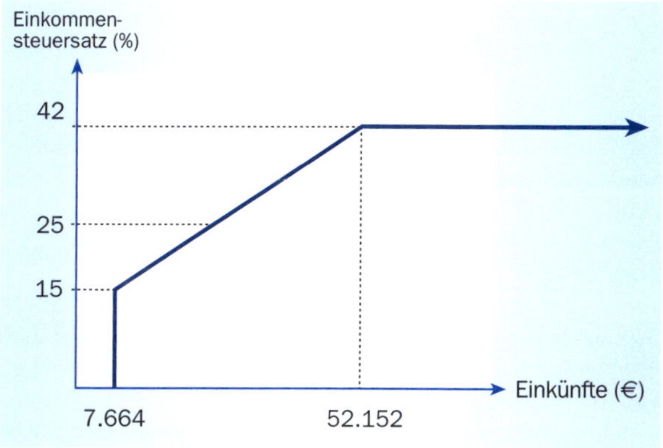

Beispiel

Mit steigendem Einkommen steigt die relative Belastung von **Rudolf Neu** an, besonders deutlich zu spüren, wenn er von der „Nullzone“ in die Besteuerung kommt, oder wenn er die erste Progressionszone verlässt. Verdient er z. B. mehr als 12.740 € (und davon sollte man ausgehen), steigt mit jedem zusätzlichen Euro seine Belastung von 25 Prozent auf 42 Prozent, im Durchschnitt des Gesamteinkommens aber „nur“ von acht Prozent auf ca. 28 Prozent.

In der Praxis liegen viele Selbstständige bei einem durchschnittlichen Einkommensteuersatz von knapp 30 Prozent. Konzentriert man sich auf die Einkünfte aus freiberuflicher Tätigkeit, ergibt sich eine Problematik, die folgender kleiner Dialog widerspiegelt:

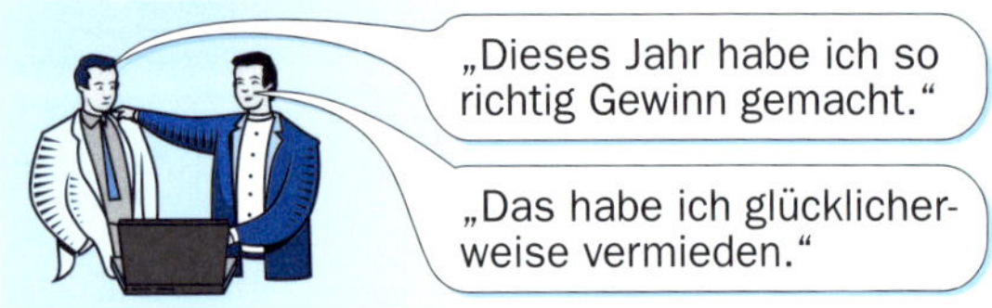

Sie sollten also Verluste durchaus auch einmal positiv betrachten, da sie sich auf die Gesamtsumme Ihrer Besteuerung auswirken. Ganz wichtig ist hier: Lassen Sie jeden Verlust amtlich feststellen, indem Sie eine entsprechende Einnahmenüberschussrechnung einreichen. Die sich daraus ergebende Festsetzung kann für weitere Planungen nützlich sein, denn:

> Sie dürfen die Verluste vergangener Jahre mit laufenden Gewinnen verrechnen.

So kann ein Anfangsverlust in Höhe von beispielsweise 50.000 € einen aktuellen Gewinn von 50.000 € ausgleichen – der Unternehmer bleibt dann für beide Jahre steuerfrei! Lassen Sie sich bei größeren Summen beraten, die Rechtslage ist unübersichtlich.

> Tipp: Versuchen Sie, Ausgaben, die sich am Jahresende abzeichnen, in das noch laufende Jahr vorzuziehen, um den zu versteuernden Gewinn zu mindern.

Auch umgekehrt gilt: Es ist absolut legal, Rechnungen auf das neue Jahr zu „schieben“. Sofern der Kunde nicht früher zahlt, ist diese Einnahme auch dann erst zu versteuern.
Häufig sind Selbstständige unsicher, ob Ausgaben zur Einnahmenüberschussrechnung gerechnet werden können. Die Regel lautet:
Alle betrieblich bedingten Ausgaben mindern den Gewinn, alle Vorsorgeaufwendungen werden als Sonderausgaben wie bei Angestellten im Mantelbogen der Einkommensteuererklärung angegeben und im Rahmen der gesetzlichen Bedingungen von den Einkünften abgezogen. Sie mindern nicht den Gewinn.
Für einige Zweifelsfälle mag die folgende Tabelle eine Entscheidungshilfe geben:

Ausgabenart	**gewinnmindernd (EÜR)**	**Sonderausgabe**
Krankenversicherung		alle Beiträge
Altersvorsorge		alle Beiträge
Kfz-Versicherung	sofern Kfz mehr als 10 % betrieblich genutzt wird	
Haftpflicht	sofern betrieblich	sofern privat
Berufsunfähigkeit	sofern für den Unternehmer	
Berufsgenossenschaft	für Unternehmer und Personal	
Kleidung	typische Berufskleidung	
Steuerberater	für Gewinnermittlung	übrige Beträge

Tipp: Hier ist das neue Formular von Vorteil – gehen Sie im Zweifelsfall die Ausgabepositionen (**Zeile 13 bis 53**) durch: Passt Ihre Ausgabe in eine der Zeilen? Falls nein: Gibt es vielleicht doch einen so engen Zusammenhang mit Ihrer unternehmerischen Tätigkeit, dass Sie die Ausgabe in **Zeile 49** (sonstige Betriebsausgaben) eintragen können?

Beispiel

Wie wirken sich die Einnahmen und Ausgaben von **Rudolf Neu** in der Einkommensteuer aus?

R. Neu würde seine Zahlen (s. Beispiel S. 62) wie folgt in das neue Formular eintragen:

Einnahmen

aus Beratungstätigkeit = 45.455,00 € und aus Veröffentlichungen = 19.200,64 €	gesamt 64.655,64 € in Zeile 4
aus Verkauf von Anlagen = 11.500 €	in Zeile 8
aus Eigenverbrauch = 1.000 €	in Zeile 9
aus vereinnahmter Umsatzsteuer/Umsatzsteuer auf Eigenverbrauch = 10.616,84 €	in Zeile 6

Ausgaben

für Personal = 13.905,99 €	in Zeile 18
für Geschäftsräume = 6.000,00 €	in Zeile 32
für Verbrauchsmaterial = 3.935,25 €	in Zeile 16
für Dienstleistungen = 543,21 €	in Zeile 17
für Kfz = 3.640,25 €	in Zeile 26
für Werbung = 2.955,11 €	in Zeile 43 (ohne Abzüge, nur Kennziffer 168)
für Porto = 1555,00 €	in Zeile 46
für Abschreibungen = 3.512,50 €	in Zeile 21
für Ansparabschreibungen = 1.200 €	in Zeile 52 + 60, 63
für Abgang von Anlagevermögen = 6.000 €	in Zeile 24
für Zinsen = 544,56 €	in Zeile 37
für gezahlte/verrechnete Umsatzsteuer = 2.980,61 €	in Zeile 50

Die Differenz aller Einnahmen und Ausgaben ergibt einen Gewinn von 41.000 €. Von diesem werden individuelle Vorsorgeaufwendungen abgezogen. Diese sollen sich auf 6.000 € summieren, sodass ein zu versteuerndes Einkommen von 35.000 € vorliegt. Gemäß Einkommensteuertabelle (Neu ist ledig und hat keine Kinder) ergibt sich eine Steuerbelastung von knapp 7.000 € (inkl. Solidaritätszuschlag), also von rund 20 Prozent durchschnittlich. Bei einer Verdoppelung der Einkünfte auf 70.000 € würde die Steuerbelastung auf rund 21.500 € (gut 30 Prozent) steigen.

Tipp: Wenn Sie selbst nachrechnen möchten: Setzen Sie die Zahlen mal in ELSTER ein, Sie bekommen eine zwar nicht verbindliche, aber doch quasi-amtliche Vorausschätzung Ihrer Steuerbelastung!

Auch im Internet finden Sie zahlreiche Rechner, z. B. unter www.abgabenrechner.de.

Bei den Einnahmen gilt im einkommensteuerlichen Bereich das Zuflussprinzip, d. h., nur alle bereits bezahlten Rechnungen erscheinen in der Einnahmenüberschussrechnung. Eine Besonderheit stellt der so genannte Eigenverbrauch dar, denn hier findet keine Zahlung statt. Dieser ist einzurechnen, damit die Ausgaben nicht zu stark den Gewinn mindern.

Tipp: Vermeiden Sie so weit wie möglich die (überprüfbare) private Nutzung betrieblicher Gegenstände, denn sie ist Gewinn erhöhend und folglich auch einkommensteuerpflichtig.

Und: Unterschätzen Sie bitte nicht die Finanzverwaltung. Die übliche private Verwendung z. B. von Fahrzeugen ist allgemein bekannt. Eine Überprüfung kann auch leicht durch den Abgleich von Fahrtenbuch und Kilometerzählerstand vorgenommen werden.

Verschweigen Sie grundsätzlich keine Einnahmen. In jüngster Zeit verstärkt die Finanzverwaltung die Suche nach nicht angegebenen Einnahmen auf allen möglichen Wegen: So hat auch in den Finanzämtern das Internet Einzug gehalten, sodass sich die Zuständigen zumeist leicht einen Eindruck über die unternehmerische Tätigkeit eines Steuerpflichtigen verschaffen können. Inzwischen werden im Rahmen der Verschärfung der Grenze für Privatverkäufe sogar Ebay-Auktionen beobachtet. Apropos: Die Geringfügigkeitsgrenze liegt seit diesem Jahr bei 500 €. Vereinzelte Privatverkäufe sind auch oberhalb dieser Grenze steuerfrei (z. B. Pkw).

Falls nun doch einmal nachweisbare Einnahmen oder Ausgaben in der Einnahmenüberschussrechnung fehlen: Irren ist menschlich, das können Sie im Einzelfall auch dem Finanzamt sagen. Sie haben allerdings bei einem Fehler Ihrerseits kein Anrecht auf Korrektur.

Wenn Sie also vergessen haben, bestimmte Ausgaben anzugeben, so sollten Sie zwar versuchen, umgehend eine korrigierte Erklärung beizubringen. Sie haben aber kein einklagbares Recht, deren Berücksichtigung einzufordern.

Nur wenn sich das Finanzamt irrt, wird offiziell korrigiert.

Verschweigen Sie hingegen wissentlich oder unwissentlich Einnahmen, kann man Ihnen Steuerverkürzung, im schlimmsten Fall Steuerhinterziehung vorwerfen.

Sie müssen mit einer Nachzahlung oder gar mit einem Steuerstrafverfahren rechnen. Versuchen Sie dann umgehend, den Schaden zu begrenzen, indem Sie sofort eine korrigierte Einnahmenüberschussrechnung einreichen und in Form einer „Selbstanzeige“ auf Ihre Versäumnisse hinweisen. Zwar muss die Finanzverwaltung hier nicht, wie in früheren Jahren, von der weiteren Strafverfolgung absehen, sie wird es aber häufig tun, zumindest wenn es sich nicht um zu hohe Beträge handelt. Zu warnen ist auch vor der häufig vertretenen Meinung: „Das merken die doch gar nicht.“ Doch, sie merken es, und zwar im

Zeitalter des elektronischen Datenverkehrs durch Abgleich von Rechnungen (daher auch die Einführung der Steuernummerpflicht) und natürlich erst recht, wenn das Finanzamt eine Betriebsprüfung anordnet.

> Zehn Jahre lang kann Ihre Einnahmenüberschussrechnung überprüft werden und Sie sind gehalten, alle Belege in Papierform und in Datenform so lange zu sichern.

Ihnen erscheint das alles recht viel und kompliziert? Lassen Sie sich doch bei Einzelproblemen beraten:

- Zunächst können Sie hierfür Ihr örtlich zuständiges Finanzamt anrufen oder anschreiben – man ist dort zur Auskunft verpflichtet.
- Reichen Ihnen die so gewonnenen Informationen nicht, so finden Sie im Internet eine große Fülle kostenlos oder gegen geringe Kostenbeteiligung angebotene Auskunfts- und Beratungsmöglichkeiten.
- Zudem gibt es anerkannte Softwarepakete, die Ihnen vielleicht auch helfen können (s. auch im Serviceteil dieses Buches).
- Oder Sie suchen einen Steuerberater auf. Hier sollten Sie darauf achten, dass er
  - seine Klienten mehrheitlich aus Ihrer Branche oder doch zumindest Ihrer Berufsgruppe hat,
  - sich nicht als „Formularausfüller“ versteht, sondern Sie bei der kurz- und mittelfristigen Planung Ihrer Einkünfte unter steuerlichen Bedingungen unterstützt.

Bedenken Sie jedoch: Wessen Hilfe auch immer Sie in Anspruch nehmen:

> Verantwortlich vor dem Gesetz für Ihre Steuererklärung sind ausschließlich Sie selbst.

Die EÜR ist das wichtigste Dokument, das der Ermittlung aller Steuerarten zugrunde liegt. Sie sollten sich also von Anfang an die Mühe machen, Ihre Einnahmen und Ausgaben zu dokumentieren. Dann geraten Sie vor Abgabe der Steuererklärungen nicht unter Zeitdruck. Falls dabei eine größere Zahl von Ausgabe- und Einnahmposten anfällt, ist der Einsatz eines einfachen Buchführungs- oder Steuerprogramms sinnvoll.

Exkurs: Die Gewerbesteuer

Für alle nicht freiberuflichen Selbstständigen (vgl. Kap. 1.2) kommt noch eine Steuer hinzu, nämlich die Gewerbesteuer. Leider gilt hier: Einmal Gewerbe, immer Gewerbe und die Finanzämter neigen dazu, gewerbliche Tätigkeiten wie eine Krankheit zu sehen: Hat sich nach der so genannten Infektionstheorie ein Freiberufler einmal durch eine gewerblich eingestufte Tätigkeit „angesteckt", werden seine gesamten Gewinne, auch rückwirkend, der Gewerbesteuer unterzogen.
Oft wird die Doppelbesteuerung aus Einkommen- und Gewerbesteuer (eine international einmalige Spezialität) als ungerecht empfunden, müssen doch beide Steuern von dem manchmal mühsam erwirtschafteten Gewinn bezahlt werden. Wie ist das zu erklären?
Die Gewerbesteuer ist die Einnahmequelle jeder deutschen Gemeinde und diese hat das Recht, im Rahmen ihrer Hebeberechtigung den Steueranspruch unmittelbar dem Steuerpflichtigen gegenüber geltend zu machen, wenn er eine Betriebsstätte in der Gemeinde unterhält.
Nach § 12 AO ist eine Betriebsstätte jede feste Geschäftseinrichtung oder Anlage, die der Tätigkeit eines Unternehmens dient. Alle gewerbesteuerpflichtigen Unternehmen, deren „Gewerbeertrag" (Gewinn) im Erhebungszeitraum den Betrag von 24.500 € überstiegen hat, müssen eine Gewerbesteuererklärung abgeben. Dies betrifft natürlich grundsätzlich nicht die Freiberufler; obendrein muss ab 30.000 € Gewinn aus Gewerbebetrieb bilanziert werden, d.h. ein Jahresabschluss mit den Bestandteilen Bilanz und Gewinn- und Verlustrechnung vorgelegt werden. Insofern muss im Zusammenhang der Einnahmenüberschussrechnung die Gewerbesteuer nicht weiter thematisiert werden.

Auf den Punkt gebracht:

- Im Rahmen der Einnahmenüberschussrechnung spielen die verschiedenen Steuern ineinander:
  - Die Umsatzsteuer löst Einnahmen und Ausgaben aus, die den Gewinn beeinflussen,
  - die Einkommensteuer wird vom Gewinn berechnet und muss vom Gewinn bezahlt werden.

- Unter dem Aspekt der jederzeitigen Wahrung von Liquidität hat die Umsatzsteuer aufgrund ihrer üblicherweise monatlichen Entrichtung die größte Bedeutung.

- Die Höhe der vierteljährlichen Vorauszahlungen der Einkommensteuer kann durch Bitte auf Herab- oder Heraufsetzung beeinflusst werden.

- Die Gewerbesteuer betrifft „freie Berufe“ nicht.

- Entscheidend für die Rentabilität ist die Einkommensteuer, da sie den Gewinn progressiv belastet und so häufig den wichtigsten Ausgabenposten darstellt.

- Durch Steuerung Ihres Gewinns können Sie also auch die Rentabilität steuern. Das können Sie erreichen, indem Sie in Jahren hoher Gewinne Ausgaben vorziehen und in Jahren niedriger Gewinne Ausgaben verschieben.

- Für die Bewertung der Einnahmen und Ausgaben ist seit 1.1.2005 das neue amtliche Formular zwingend anzuwenden.

Die aktuellen Steuertermine

Steuer	Termin
Einkommensteuer allgemein	31.05.
Einkommensteuer für Einkünfte aus selbstständiger Arbeit	31.05.
Umsatzsteuererklärung	31.05.
Jährliche Umsatzsteuervoranmeldung	
Vierteljährliche Umsatzsteuer-voranmeldung	10.01., 10.04., 10.06., 10.09.
Vierteljährliche Umsatzsteuer-voranmeldung mit Dauerfrist-verlängerung	10.02., 10.08., 10.01., 10.11.
Monatliche Umsatzsteuer-voranmeldung	bis 10. Tag nach Monats-ende
Verzicht Befreiung UstG § 19 „Kleinunternehmer“	31.12.
Vorauszahlungstermine Einkommensteuer	10.03., 10.06. 10.09., 10.12.
Vorauszahlungstermine Umsatzsteuer	direkt nach Voranmeldung

Fällt ein Termin auf ein Wochenende oder einen gesetzlichen Feiertag, verlängert sich die Frist bis zum nächsten Werktag.

ormular	Anmerkung
lantelbogen	auf Antrag Verlängerungstermin 30.09., bei Bearbeitung von Steuerberater Abgabe bis Ende Februar Folgejahr möglich
nlage GSE	s.o.
msatzsteuer-rklärung	s.o.; gleicht die Vorsteueranmeldungen rechnerisch aus
St-Voranmeldung	bei Umsatzsteuerpflicht ≤ 512 € im Vorjahr
orsteueranmeldung	bei Umsatzsteuerpflicht ≤ 6.136 € im Vorjahr oder Erstattung ≥ 6.136 €
orsteueranmeldung	bei Dauerfristverlängerung
orsteueranmeldung	bei Umsatzsteuerpflicht > 6.136 € im Vorjahr sowie bei Neugründung
ɔrmlos	gilt für das laufende Kalenderjahr und bindet auf fünf Jahre
ach Veranlagung*	nach Veranlagung
	genaue Termine s.o.

gemäß Veranlagung auf Basis Einkommensteuererklärung des Vorjahres, Änderungen durch rechtzeitigen formlosen Antrag jederzeit möglich

3 Unternehmensplanung auf Basis der EÜR

Liquidität und Rentabilität erfolgreich steuern

Nach der „Pflicht“ (gegenüber dem Finanzamt) folgt nun die „Kür“: In diesem Kapitel soll gezeigt werden, wie sich die Einnahmenüberschussrechnung für die Steuerung des Unternehmens verwenden lässt. Dafür wird es nötig, sich Klarheit über die betriebswirtschaftlichen Zielsetzungen zu verschaffen. Im Vordergrund soll das Minimalziel jedes Unternehmens stehen: die Erhaltung der Zahlungsfähigkeit.

3.1 Liquide bleiben

Die wichtigste Zielsetzung für jede betriebswirtschaftlich ausgerichtete Planung ist die Kontrolle der Zahlungsfähigkeit. Leider ist jedoch verhältnismäßig oft gerade im Bereich der Selbstständigen und der kleinen und mittleren Unternehmen ein unzulängliches Liquiditätsmanagement anzutreffen. Anhaltende Liquiditätsengpässe führen dann nicht selten zur endgültigen Zahlungsunfähigkeit und damit zum wirtschaftlichen (und damit oft verbundenen privaten) „K.o.“, da ja die Mehrheit der Selbstständigen auch mit dem privaten Vermögen haftet.

Allgemein zugängliche Statistiken bestätigen: Liquiditätsprobleme sind in langjährigen Beobachtungen die Konkursursache Nr. 1.

Die Einnahmenüberschussrechnung ist gut geeignet, um die Liquidität zu überwachen, zu planen und darüber hinaus auch um Ursachenforschung für die zu beobachtenden Entwicklungen zu betreiben.

Hauptanliegen betriebswirtschaftlicher Steuerung sind also:
- Planung,
- Kontrolle und
- Analyse der Liquidität.

Die Einnahmenüberschussrechnung kann dieses Anliegen für die Steuerung der Zahlungsfähigkeit aufgreifen: Zum einen ist sie ja bereits eine Liquiditätsrechnung, indem sie Einnahmen/Ausgaben und Einzahlungen/Auszahlungen unterscheidbar macht. Während nach einer Einzahlung unmittelbar Liquidität („cash") vorliegt, befindet sich das Geld bei Einnahmen sozusagen noch in der „Pipeline" (vergleiche dazu auch Abschnitt 1.1).
Zum anderen eignet sie sich gut für die laufende Kontrolle und für die Planung, da sie sich mit Hilfe verbreiteter Tabellenkalkulationsprogramme leicht aufbereiten lässt. Für die Steuerung der Liquidität gilt hier, ganz nach gesundem Menschenverstand:

Alle Einnahmen müssen jederzeit alle Ausgaben abdecken.

Natürlich erst recht müssen alle Auszahlungen stets durch Einzahlungen gedeckt sein, es sei denn, es gibt noch Reserven in Form von Bargeldbeständen oder Kontoguthaben.

Definiert man die beiden Ebenen der Einnahmenüberschussrechnung betriebswirtschaftlich genauer, kann man unterscheiden:
- Liquidität I: Ebene der Einzahlungen/Auszahlungen
- Liquidität II: Ebene der Einnahmen/Ausgaben

Während die Ein- und Auszahlungen die „typischen" Vorgänge darstellen (Kundenzahlung, Rechnungsüberweisung), sind die Einnahmen und Ausgaben die „untypischen" Werte, wie z. B. Eigenverbrauch und Abschreibungen – hier liegen ja, wie erläutert (Kap. 1.3, zu **Zeilen 7 bis 9 und 19 bis 23**), keine tatsächlichen Geldbewegungen vor.

Es kann folgende Grundregel zur Erhaltung der kurzfristigen Liquidität definiert werden (Σ meint Summe):
Bargeld + Kontoguthaben + Σ Einzahlungen ≥ Σ Auszahlungen

Und auf Dauer gilt immer:
Σ Einnahmen ≥ Σ Ausgaben

Typischerweise sind alle Einnahmen auch tatsächlich Einzahlungen und falls nicht, ist es ein Leichtes, die Spalten „Einnahmen" und „Einzahlungen" in der Einnahmenüberschussrechnung einzufügen. Ähnlich ist mit den Ausgaben zu verfahren.

> Tipp: Fügen Sie in Ihre vorliegende Einnahmenüberschussrechnung eine Spalte auf, die nach Zu- bzw. Abfluss differenziert. Dann ist es einfach, die Liquidität I und II zu berechnen.

Beispiel

In der Einnahmenüberschussrechnung von **Rudolf Neu** sind alle Leistungen zugeflossen (Einnahmen 1a–1c) sowie außerdem die Umsatzsteuer (Einnahme 1d). Der Eigenverbrauch ist eine reine Einnahme, wie oben erklärt, ohne tatsächlichen Geldfluss.

Die Ausgaben sind gezahlt. Abschreibungen stellen natürlich keine Ausgaben oder Auszahlungen dar, da ja weder Geld abfließt noch Zahlungsverpflichtungen entstehen – ganz im Gegenteil, die Anschaffungen sind ja bereits getätigt.

Sie tauchen aus steuerlichen Gründen als Ausgaben auf, obwohl sie eigentlich Aufwendungen sind. Dasselbe gilt für den Abgang von Anlagevermögen.

Wie aus der Tabelle auf der folgenden Seite ersichtlich, ist Rudolf Neu unter den getroffenen Definitionen in jeder Hinsicht liquide:

Liquiditätsrechnung Dipl.-Ing. Rudolf Neu		
1. Einnahmen		davon **Einzahlungen**
a. aus Beratungstätigkeit	45.455,00 €	45.455,00 €
b. aus Veröffentlichungen	19.200,64 €	19.200,64 €
c. aus Verkauf von Anlagen	11.500,00 €	11.500,00 €
d. aus Eigenverbrauch (Kfz, Telefon)	1.000,00 €	
e. vereinnahmte Umsatzsteuer/auf Eigenverbrauch	10.616,84 €	10.616,84 €
Summe	**87.772,48 €**	**86.772,48 €**
2. Ausgaben		davon **Auszahlungen**
a. für Personal	13.905,99 €	13.905,99 €
b. für Geschäftsräume	6.000,00 €	6.000,00 €
c. für Verbrauchsmaterial	3.935,25 €	3.935,25 €
d. für Dienstleistungen	543,21 €	543,24 €
e. für Kfz	3.640,25 €	3.640,25 €
f. für Werbung	2.955,11 €	2.955,11 €
g. für Porto, Telefon	1.555,00 €	1.555,00 €
h. für Abschreibungen	3.512,60 €	
i. für Ansparabschreibungen	1.200,00 €	
j. für Abgang von Anlagevermögen	6.000,00 €	
k. für Zinsen	544,56 €	544,56 €
l. Vorsteuer	2.980,61 €	2.980,61 €
Summe	**46.772,48 €**	**36.059,98 €**
3. Gewinn/Verlust	**41.000,00 €**	

Liquidität I ist gegeben, da die Einzahlungen die Auszahlungen um 50.712,50 € (= 86.772,49 – 36.059,98) übertreffen. Wenn noch Bargeld oder Kontoguthaben vorhanden ist, ist die Liquidität I noch besser. Liquidität II ist gegeben, da die Einnahmen die Ausgaben um 41.000 € übertreffen.

Tipp: Nutzen Sie die ermittelte Liquidität, um z. B. bei Kreditverhandlungen in einer aktuell „nicht so rosigen Kassensituation" auf Ihre (betriebswirtschaftlich etwas tiefer gehend betrachtet) gar nicht so schlechte Lage hinzuweisen.

Hierfür sollten Sie dann jedoch die (hoffentlich nicht zu langen) Zahlungsziele Ihrer Gläubiger im Kopf haben. Zahlungsziele liegen üblicherweise in der Frist von vier Wochen bis zu maximal drei Monaten, es sei denn, es treten besondere Umstände hinzu. Diese Einnahmen bzw. Ausgaben fügen Sie Ihrer EÜR hinzu, Sie erhalten dann eine echte Liquiditätsplanung! Die Einnahmenüberschussrechnung kann dann nicht nur zur Kontrolle, sondern auch zur Planung der Liquidität eingesetzt werden. Hierzu ist es sinnvoll, weitere Zeitspalten für Monate und Vierteljahre einzufügen.

Um die Rechnung nicht durch eine zu hohe Anzahl von Spalten zu unübersichtlich zu machen, kann für die längerfristige Liquiditätsplanung vereinfachend auch nur noch dann von Einnahmen/Ausgaben gesprochen werden, wenn diese tatsächlich zufließen/abfließen – das erspart die auf Dauer mühsame Differenzierung zwischen Einnahmen/Einzahlungen und Ausgaben/Auszahlungen. Und im Grunde interessiert den Selbstständigen für die Zukunftsplanung ja auch nur, was wirklich zufließt. Insofern trifft man in der Praxis tatsächlich häufig auch nur „Einnahmen" bzw. „Ausgaben" an.

Ziel der Planung ist es, quartalsweise, aber insbesondere in der Gesamtbetrachtung, zumindest mit einer „schwarzen Null" zu arbeiten.

Entstehen dauerhaft Unterdeckungen, so muss über Alternativen in der Planung oder über „frisches Geld" nachgedacht werden.

Die folgende Abbildung zeigt eine Liquiditätsplanung auf Quartalsbasis:

Liquiditätsplanung Dipl.-Ing. Rudolf Neu	
Einnahmen Quartal X	
aus Leistungen	+ €
aus Leistungen	+ €
aus Verkauf von Anlagen	+ €
aus vereinnahmter Umsatzsteuer	+ €
Summe	+ **€**
Ausgaben Quartal X	
für Personal	– €
für Geschäftsräume	– €
für Verbrauchsmaterial	– €
für Dienstleistungen	– €
für Kfz	– €
für Werbung	– €
für Porto, Telefon	– €
für Zinsen	– €
Vorsteuer	– €
Summe	**– €**
Über-/Unterdeckung	**+/– €**
bei Unterdeckung: Finanzierung durch …	

Liquiditätsplanung auf Einnahmenüberschussbasis

Nutzen Sie diese Planung auch, um die Finanzflüsse in Ihrem Unternehmen näher kennen zu lernen. Erstellen Sie sich hierzu ein einfaches Tabellenblatt und aktualisieren Sie immer zeitnah (gut ist z. B. der Freitagnachmittag) Ihre Daten. Planen Sie zunächst wie oben ohne Eigenverbrauch, Abschreibungen u. Ä., so erhalten Sie die Liquidität I. Bei guter Pflege des Datenbestandes wird diese Planung dann die Analyse ermöglichen, welche Faktoren die Liquidität beeinflussen. Außerdem werden Sie feststellen, dass der Vergleich zwischen Soll- und Ist-Daten sehr spannend ist. Bedenken Sie hierbei, dass Zahlungsziele von Kunden nicht immer eingehalten werden.

In jüngster Zeit erlangt eine weitere Messzahl für Selbstständige und kleine Unternehmen Bedeutung, das ist der so genannte Cashflow. Er ermittelt die freien finanziellen Mittel innerhalb einer Periode und wird folgendermaßen berechnet:
Cashflow = Gewinn + Σ Abschreibungen +/– Einlagen/Entnahmen.
Anders ausgedrückt: Bestandteile des Cashflow sind:

- Gewinn: Differenz aller Einnahmen und Ausgaben
  ⇒ bar auf Geschäftskonto
- AfA: Wertverlust der Investitionen, fließt in das Unternehmen über Umsätze zurück
  ⇒ bar auf Geschäftskonto bis Ersatzbeschaffung
- Einlagen:
  ⇒ erhöhen den Kontostand
- Entnahmen:
  ⇒ senken den Kontostand

Eine große Bedeutung hat diese Messzahl u. a. dadurch erlangt, dass Kreditinstitute im Rahmen des so genannten „Basel II“-Abkommens zögerlicher mit der Vergabe von Krediten werden. Auf der Suche nach Maßstäben für die Beurteilung des Risikos der Kreditvergabe steht der Cashflow ganz oben, da er eben aussagt, welche Finanzmittel im Laufe eines Jahres oder auch in kürzeren Zeiträumen zur Verfügung stehen, um z. B. Kredite zu bedienen.

Die Steuerung des Cashflows gehört zu den interessantesten betriebswirtschaftlichen Aufgaben.

Es ist offensichtlich, dass er durch Entnahmen für die tägliche Lebensführung geschwächt wird. Um den Cashflow im Gleichgewicht zu halten, ist es notwendig, die anderen Faktoren im Auge zu behalten. Der Cashflow wird nämlich gestärkt, wenn

- weitere Einlagen, beispielsweise durch hinzukommende Partner, gewonnen werden können,
- der Gewinn steigt also dann wenn
  - die Ausgaben sinken und/oder
  - die Einnahmen steigen,
- die Abschreibungen steigen, d. h. wenn
  - mehr investiert wird,
  - die Abschreibungszeiten verkürzt werden,
  - die Abschreibungssätze erhöht werden.

Typischerweise richtet man sich bei den Abschreibungszeiten und -sätzen nach den weiter oben (S. 44 f.) erläuterten steuerlichen Richtlinien. Zwar könnte man dies unter rein betriebswirtschaftlichen Gesichtspunkten auch anders handhaben, aber dann gäbe es zwei Einnahmenüberschussrechnungen, eine für das Finanzamt und eine für interne Zwecke. In der Praxis, z. B. im Rechnungswesen und Controlling größerer Unternehmen, ist diese Vorgehensweise auch durchaus üblich, für Zwecke kleiner Unternehmen ist das jedoch nicht sinnvoll, da ansonsten die Abschreibungswerte steuerlich nicht anerkannt werden und damit die Gewinnermittlung nicht kompatibel zu den Erfordernissen des Finanzamts vorgenommen werden kann.

Und was tut man, wenn die Liquidität nicht ausreicht, wenn also Unterdeckungen entstehen? Die Entscheidung über Art und Höhe der finanziellen Mittel ist von existenzieller Bedeutung für jedes Unternehmen.
Die notwendigen Entscheidungen im Finanzmanagement werden gern nach dem Zeitraum ihrer Auswirkungen eingeteilt: Einerseits geht es um auftretende Fragen der kurzfristigen – innerhalb eines Zeitraums von max. zwölf Monaten – Finan-

zierung, andererseits werden längerfristig wirkende Maßnahmen im Rahmen der langfristigen Finanzierung behandelt.

Im Folgenden sollen eine Reihe kurzfristig orientierter Maßnahmen vorgestellt werden. Alle Instrumente werden betriebswirtschaftlich danach zu untersuchen sein, ob sie ausreichend Liquidität erzeugen. Im Einzelnen muss die Qualität von Finanzierungsalternativen wie folgt geprüft werden:

- Welche zusätzliche Ausgaben entstehen?
- Welche steuerlichen Wirkungen sind mit einer Finanzierung verbunden?

Daneben spielen natürlich auch rechtliche Aspekte wie z. B. die von den Finanziers geforderten Besicherungen eine Rolle. Auf diese kann hier nicht näher eingegangen werden, da sie individuell einen sehr unterschiedlichen Umfang einnehmen.
Wie bereits erwähnt wurde, beeinflusst die Wahl der Rechtsform insoweit auch die Möglichkeiten der Fremdfinanzierung, als Kredite und Darlehen je nach Unternehmensform sehr unterschiedlich abgesichert werden können. Für freie Berufe können allerdings nur Unternehmensformen gewählt werden, die eine unbeschränkte Haftung voraussetzen (v. a. die GbR, Gesellschaft bürgerlichen Rechts).

> Wird aus Liquiditätsgründen zusätzliches Fremdkapital aufgenommen, so sollte darauf geachtet werden, dass die zusätzlichen Belastungen so gering wie möglich gehalten werden.

Hinweis: Es mag im Einzelfall auch möglich sein, mit Hilfe von Fördermitteln Liquiditätsengpässe zu überbrücken. Hierauf wird jedoch aufgrund der unübersichtlichen Förderlandschaft nicht näher eingegangen. Eine gute diesbezügliche Informationsquelle stellt die Website der Mittelstandsbank dar (www.kfw-mittelstandsbank.de).

Ordnet man gängige Möglichkeiten der Fremdfinanzierung nach ihrer Praxisrelevanz, so ergibt sich diese Reihenfolge:

- Nr. 1: Der Kontokorrentkredit: Die kurzfristige „Überziehung“ des Geschäftsgirokontos zu einem Zinssatz, der deutlich über den üblichen Beträgen für längerfristige Kredite liegt, wird in den allermeisten Unternehmen laufend angewendet. Da die Zinsausgaben nur für die effektive Laufzeit anfallen, erscheint der Kontokorrent so lange nicht ausgabenträchtig, wie seine Laufzeit im Rahmen bleibt. Bei der Berechnung wird ein kaufmännisches Jahr mit 360 Tagen zugrunde gelegt.
  Die Kosten jedes einzelnen Kontokorrentes (Kr) errechnen sich dann mit Hilfe des Zinssatzes (i) und der effektiven Tageszahl (t):

  $$K = Kr \times \frac{i}{100} \times \frac{t}{360}$$

Beispiel

Karl Einfach überzieht sein Geschäftskonto vom 02.02.–10.02. um 2.000 € und dann nochmal vom 03.03.–15.03. um 10.000 €. Der Zinssatz beträgt 12 Prozent jährlich. Die Ausgaben für diesen Kontokorrent berechnen sich dann wie folgt:

$$02.02.–10.02. = 8 \text{ Tage} \Rightarrow 2.000 \times \frac{12}{100} \times \frac{8}{360} = 5{,}33$$

$$03.03.–15.03. = 12 \text{ Tage} \Rightarrow 10.000 \times \frac{12}{100} \times \frac{12}{360} = 40{,}00$$

- Nr. 2: Der Lieferantenkredit: Der Lieferantenkredit, d. h. die Inanspruchnahme von ausgehandelten Zahlungszielen, schiebt Ausgaben auf. Die Nutzung derartiger, kurzfristiger Verbindlichkeiten kann dann teuer werden, wenn sie mit einem regelmäßigen Verzicht auf den bei frühzeitiger Zahlung gewährten Skonto verbunden ist. Im Einzelfall ist immer zu prüfen, ob in der Summe alle Handelskredite tatsächlich teurer als die Alternative z. B. des Kontokorrents sind.

Beispiel

Karl Einfach erhält eine Rechnung mit folgenden Konditionen: Zahlung innerhalb von 10 Tagen mit 5 Prozent Skonto, ansonsten nach 30 Tagen. Rechnet man nun die 5 Prozent Skontoverzicht für die effektiv 20 Kredittage auf das Jahr um, so ergeben sich:

$$\frac{5\,\%}{20} \times 360 = 90\,\%$$

Der Jahreszins beträgt also 90 Prozent. In diesem Fall ist eine Finanzierung über das Girokonto mit Hilfe eines Kontokorrents sicherlich günstiger!

- Nr. 3: Das Factoring: Hier werden kurzfristig fällig werdende Forderungen gegenüber Kunden an einen Factor abgetreten. Dieser finanziert einen erheblichen Teil des offenstehenden Betrages vor und überweist nach Zahlungseingang die restliche Summe abzüglich einer vereinbarten Gebühr. Je nach Vertragsgestaltung können weitere Leistungen (Mahnwesen, Inkasso, Ausfallrisikoabsicherung) mit übernommen werden, wobei je nach Ausgestaltung sehr unterschiedlich hohe Kosten entstehen. Das Factoring erlaubt typischerweise bei höheren Rechnungen eine schnelle Vorfinanzierung, ist aber durch die damit verbundenen Ausgaben als teuer einzustufen.

- Nr. 4: Das Bankdarlehen: Das Bankdarlehen wird üblicherweise zu Konditionen aufgenommen, die sich aus den folgenden Elementen zusammensetzen: dem Zinssatz (i), dem Disagio (d) – einem Abschlag bei der Auszahlung – und eventuellen Gebühren (gb).

  Für die Vereinbarung eines über eine bestimmte Laufzeit (n) regelmäßig zu zahlenden Betrages (Annuität = a), der alle Zins- und Tilgungsverbindlichkeiten umfasst, wird die so genannte Annuitätenformel angewendet:

$$a = Kr \times \frac{i \times (1+i)^n}{(1+i)^n - 1}$$

Die Gesamtkosten ergeben sich dann wie folgt:

$$K = \Sigma a_n - Kr + d + gb$$

Beispiel

Ein Kredit in Höhe von 50.000 € wird zu folgenden Konditionen aufgenommen: Zinssatz 7 Prozent, Laufzeit 10 Jahre, Disagio 10 Prozent, 1 Prozent Bereitstellungsgebühr.

Die Annuität beträgt dann:

$$a = 50.000 \times \frac{0,07 \times (1+0,07)^{10}}{(1+0,07)^{10} - 1} = 7.118,88 \text{ € je Jahr}$$

Die Kosten des Kredites sind:

$$K = 10 \times 7.118,88 \text{ €} - 50.000 + 5.000 + 500$$
$$= 26.688,80 \text{ €}$$

In der Summe sind also 26.688,80 € Zinsen und Nebenkosten für eine effektive Auszahlung in Höhe von 45.000 € gezahlt worden.

Steuerlich zu berücksichtigen sind alle errechneten Kosten (Zinsen, Gebühren, Disagio) des Kredites, natürlich aber nicht dessen Tilgung.

- Nr. 5: Die Anzahlung seitens der Kunden: Diese angenehmste Form der Zwischenfinanzierung kann zwar nicht immer, aber bisweilen bei größeren Projekten verwirklicht werden und kostet in der Regel nichts, außer vielleicht eine freundliche Aufforderung.

Zur Erinnerung

Abgesehen von der Liquiditätswirkung besteht bei vielen Selbstständigen unter steuerlichen Gesichtspunkten noch ein weiterer Anreiz, eher Fremd- als Eigenkapital zu nutzen: Zinsausgaben mindern den Gewinn. Eine seltene Ausnahme ist nur in der Gewerbesteuer anzutreffen: Hier erhöhen Dauerschuldzinsen wie z. B. für Bankdarlehen den Gewerbeertrag.

3.2 Wirtschaftlich und rentabel werden

Was sind die weitergehenden Zielsetzungen unternehmerischer und selbstständiger Tätigkeit? Befragt man ganz unterschiedliche Berufsgruppen, welche betriebswirtschaftliche Qualität ihre Arbeit aufweisen soll, so erhält man fast immer folgende Kriterien:

- Wirtschaftlichkeit („Man muss davon leben können.")
- Rentabilität („Es muss sich lohnen.")

Da diese betriebswirtschaftlichen Ziele nicht immer klar auseinander gehalten werden, sollen sie hier näher erläutert werden. Dabei bedingen sich alle Ziele in der Praxis.

Wirtschaftlichkeit

Wirtschaftlichkeit ist Ausdruck und Maßstab für die Einhaltung des so genannten „ökonomischen Prinzips", welches besagt: „Mit gegebenen Mitteln den größtmöglichen Erfolg erzielen" oder umgekehrt „Einen bestimmten Erfolg mit geringstmöglichem Aufwand realisieren".
In der betriebswirtschaftlichen Praxis vergleicht man hierzu das Verhältnis von erzielten Einnahmen und den dafür notwendigen Ausgaben, mit der (minimalen) Zielsetzung, dass Letztere die Einnahmen nicht übersteigen, also:

$$\frac{\text{Einnahmen}}{\text{Ausgaben}} \geq 1$$

Dass es sich hierbei lediglich um ein Minimalziel handelt, wird deutlich, wenn man sich klar macht, dass hier die privaten Ausgaben, also alle zum Lebensunterhalt notwendigen Mittel, noch gar nicht berücksichtigt sind. Also: Verwechseln Sie im eigenen Interesse nicht Ihre persönlichen Ausgaben, die ja vom Gewinn (nach Steuer!) bestritten werden müssen, mit den Ausgaben in Ihrer betrieblichen Einnahmenüberschussrechnung.

Die Ermittlung des notwendigen minimalen Überschusses – auch kalkulatorischer Unternehmerlohn genannt – wird für Ihre Planung hilfreich sein. Folgende Tabelle kann leicht auf Ihre persönlichen Verhältnisse übertragen und als „Mindestvorgabe" für die obige Planung eingefügt werden:

Ausgabenart (privat)	**Quartal I**	**Quartal II**	**Quartal III**	**Quartal IV**
Krankenversicherung				
Lebensversicherung				
Rentenversicherung				
Unfallversicherung				
Haftpflichtversicherung				
Unterhalt				
Kfz (privat)				
private Investitionen				
private Steuern				
Urlaub				
Vorsorge				
Sonstiges				
Summe				

Private Ausgabenplanung

> Tipp: Zeichnen Sie einmal Ihre privaten Ausgaben über einen längeren Zeitraum auf.

Sie werden wahrscheinlich über deren Höhe überrascht sein. Und berücksichtigen Sie für Ihre Planung, dass sich private Ausgaben nicht nur inflationär bedingt, sondern auch durch Erhöhung des Lebensstandards deutlich erhöhen können.

Falls die Zahlung von Gehältern in die Einnahmenüberschussrechnung eingebracht werden soll, geht das nach geltender Rechtslage nur in der Rechtsform der GmbH oder AG. Diese sind für Freiberufler in der Regel nicht wählbar. Zu beachten ist, dass in diesem Fall die Gehälter inklusive Steuern und Sozialabgaben regelmäßig gezahlt werden müssen, da sie ansonsten steuerlich nicht anerkannt werden.

Rentabilität

Alle wichtigen Dinge der Betriebswirtschaft können in Grundrechenarten bewältigt werden und so ist es auch mit der Rentabilität. Die Kennzahl beschreibt mit Hilfe einer einfachen Division, wie der Gewinn zu beurteilen ist. Dieser wurde erzielt in erster Linie durch den Einsatz von Menschen, aber auch durch deren Vermögen, genannt Eigenkapital, das ja erst mal investiert werden musste, um überhaupt eine unternehmerische Tätigkeit aufnehmen zu können.

Beispiel

Rudolf Neu hat Vorleistungen für Betriebs- und Geschäftsausstattung und für Sachanlagen erbracht.

Das insgesamt eingesetzte Kapital war natürlich höher, mussten doch alle Einrichtungsgegenstände, die Räume und das Personal zunächst einmal vorfinanziert werden.

Insgesamt soll Rudolf Neu 132.036,05 € Kapital eingebracht haben.

Ob es sich hier tatsächlich um eigenes Geld handelte, oder – wie die Zinszahlungen im Beispiel vermuten lassen – um geliehene Mittel, spielt für eine betriebswirtschaftliche Rentabilitätsanalyse auf Basis der Einnahmenüberschussrechnung nur eine untergeordnete Rolle.
Hier steht vielmehr die Frage nach der Verzinsung des gesamten eingesetzten Kapitals im Mittelpunkt. Diese so ge-

nannte Kapitalrentabilität lässt sich mit einfacher Bruchrechnung als Prozentsatz ermitteln:

$$\text{Kapitalrentabilität (\%)} = \frac{\text{Gewinn}}{\text{eingesetztes Kapital}} \times 100$$

Der ermittelte Prozentsatz ermöglicht es, die eigenen Ergebnisse mit „dem Markt" zu vergleichen. Fragestellungen sind hier:

- Konnte eine Verzinsung erreicht werden, die höher ist als beispielsweise diejenige für einjähriges Tagesgeld auf der Bank?
- Übertraf die erzielte Verzinsung den für Kredite ausgemachten Zinssatz?
- Ist die Verzinsung so hoch, dass auch bei schlechten Jahren ein guter Durchschnitt erreicht werden kann?
- Wie viel eingesetztes Kapital wird über den Gewinn wieder eingespielt?

Beispiel

Wenn Sie für **Rudolf Neu** nachrechnen – es sieht auf den ersten Blick nicht schlecht aus: Ein knappes Drittel seines Kapitals hat er bereits wieder eingespielt (vgl. S. 77):

$$\frac{41.000}{132.036,05} \times 100 = 31\ \%$$

Sie müssen hier allerdings berücksichtigen, dass in dieser Rechnung lediglich ein Jahr berücksichtigt wird. Zufällige Einflüsse wie beispielsweise Auftragsspitzen können sich hier überproportional auswirken.

Denkt man zudem darüber nach, wovon der obere Teil der Rentabilitätsformel bestimmt wird, so erkennt man: Nicht nur die Zahl der Aufträge beeinflusst den Gewinn, sondern ebenso der erzielte Preis.

Den Gewinn kann man nämlich (vereinfacht) wie folgt ermitteln, da der wichtigste Teil der Einnahmen (hoffentlich) die Einzahlungen der Kunden sind, auch Umsatz genannt:

Gewinn = Umsatz – Ausgaben
= Menge · Preis – Ausgaben

Der Gewinn wird also von Entscheidungen abhängen, deren Wirkung nicht unbedingt in die gleiche Richtung zeigt. So können Umsatzsteigerungen mit überproportionalen Ausgabensteigerungen verbunden sein, während umgekehrt zunächst als positiv eingestufte Einsparungen den Umsatz in einem größeren Umfang drücken, als Mittel eingespart werden konnten. Besonders kompliziert ist die Wirkung des Preises in diesem Ablauf einzustufen: Je nach Produkteinschätzung, Qualitätsorientierung, Marktlage und verfügbaren Konkurrenzprodukten wird der Kunde unterschiedlich auf Preisbewegungen reagieren. In der Regel wird dabei die Reaktion „vom Markt kommen", d. h., der Unternehmer bzw. die Unternehmerin verhält sich als Preisanpasser. Deshalb muss jeder Selbstständige genau beobachten, ob der Umsatz, den er hoffentlich macht, auch rentabel ist. Dieser Zusammenhang wird mit der so genannten Umsatzrentabilität gemessen:

$$\text{Umsatzrentabilität (\%)} = \frac{\text{Gewinn}}{\text{Einnahmen aus Umsatz}} \times 100$$

Beispiel

Im Falle von **Rudolf Neu** kann ermittelt werden (s. S. 81):

$$\text{Umsatzrentabilität} = \frac{41.000\ €}{45.455\ € + 19.200{,}64\ €} \times 100$$

$$= \frac{41.000\ €}{64.655{,}64\ €} = 63\ \%$$

In Worten bedeutet eine derartige Umsatzrentabilität, dass auf jeden € Umsatz 60 Cent Gewinn kommen.

Zur Beurteilung, ob eine Umsatzrentabilität gut ist, können die folgenden Leitfragen dienen:

- Ist die Umsatzrentabilität höher oder niedriger als bei vergleichbaren Unternehmen in der Branche?
- Wie viel Umsatz muss der Selbstständige erzielen, um bei einer gegebenen Umsatzrentabilität wirtschaftlich arbeiten zu können?
- Ist die Umsatzrentabilität stabil oder wird sie durch Preisdruck gefährdet?
- Wie wird diese noch durch die zu erwartenden Steuerabzüge beeinflusst?

Die Umsatzrentabilität bietet auch eine gute Hilfestellung, um einen Mindestgewinn zu berechnen.

Beispiel

Rudolf Neu hat ermittelt, dass er monatlich 3.000 €, also im Jahr 36.000 € zur privaten Lebensführung benötigt. Wie hoch muss dann mindestens der Umsatz sein?

Wenn die Umsatzrentabilität 63 Prozent beträgt (vgl. oben), ist einfach zu berechnen:

$$\frac{36.000\,€}{0{,}63} = 57.142{,}86\,€.$$

Eine weitere Kennziffer, welche die Kapital- und Umsatzrentabilität kombiniert, ermöglicht tiefer gehende Aufschlüsse über die betriebswirtschaftliche Qualität der erzielten Ergebnisse. Es handelt sich hierbei um den „Return on Investment“ (ROI). Er ermittelt sich aus der Multiplikation der Umsatzrentabilität mit dem so genannten Kapitalumschlag. Der Kapitalumschlag beschreibt, wie schnell das eingesetzte Kapital im Unternehmen arbeitet. So wird es z. B. für ein Handelsunternehmen leichter sein, das eingesetzte Kapital monatlich im Umsatz zu erzielen, als für ein Industrieunternehmen. Investiert der Unternehmer Kapital und erzielt Umsatz, so stellt sich die Frage, wie viel Gewinn denn übrig bleibt. Dies kann durch die Umsatzrentabilität bestimmt werden.

Der als ROI bezeichnete Gesamteffekt errechnet sich dann als Produkt aus den beiden Kennzahlen und drückt die jährliche Rentabilität des Kapitals aus:

$$\text{ROI}\,(\%) = \text{Kapitalumschlag} \times \text{Umsatzrentabilität}$$
$$= \frac{\text{Umsatz}}{\text{Kapital}} \times \frac{\text{Gewinn}}{\text{Umsatz}} \times 100$$

Der ermittelte Prozentsatz gibt an, was von dem eingesetzten Kapital „zurückfließt", d. h. welche Rendite das gesamte im Unternehmen eingesetzte Kapital erwirtschaftet hat. Er zeigt den prozentualen Anteil des Gewinns am Gesamtkapital.

Beispiel

Für **Rudolf Neu** lautet die Rechnung:

$$\text{ROI} = \frac{64.655{,}64}{132.036{,}05} \times \frac{41.000{,}00}{64.655{,}64} \times 100$$
$$= 31\,\%$$

Da wir mit den gleichen Zahlen arbeiten, ergibt sich zwar rein rechnerisch das gleiche Ergebnis wie im Falle der Kapitalrentabilität. Durch die Aufspaltung des Prozesses verstehen wir nun aber, dass es vor allem das gute Verhältnis von Umsatz zu Kapital ist, welches die gute Rentabilität erzeugt („das Kapital dreht schnell"). Das wird verstärkt durch das ebenfalls gute Verhältnis von Gewinn und Umsatz.

Anders ausgedrückt: Bei gleichen Verhältnissen erhält Rudolf Neu in ca. drei Jahren ($= \frac{1}{0{,}31}$) sein eingesetztes Kapital zurück.

Wann das eingesetzte Kapital zurückfließt und wann dann darüber hinaus Überschüsse entstehen, ist vor allem für kleine

Unternehmen eine wichtige Frage, da deren Kapitalbeschaffungsmöglichkeiten typischerweise begrenzt sind.

Der Rückfluss des eingesetzten Kapitals wird (bei Konstanz der jeweils übrigen Elemente) umso länger dauern, je stärker:

- der Umsatz sinkt:
  - aufgrund von Preissenkungen,
  - aufgrund von Auftragsmengenreduzierungen;
- das eingesetzte Kapital ansteigt:
  - weil Neuinvestitionen notwendig sind,
  - weil anderweitige Vorfinanzierungen anstehen;
- der Gewinn sinkt:
  - weil die Preise sinken,
  - weil die Auftragsmengen sinken.

Entscheidend sind die Verhältnisse zwischen den einzelnen Faktoren. So kann es beispielsweise sinnvoll sein, die Preise zu senken, um Umsatz zu gewinnen – wenn der Umsatz langsamer sinkt als der Gewinn. Denn dann steigt immer noch der Return on Investment.

Einnahmenüberschussrechnung und Controlling

Eine weitergehende Nutzung der Einnahmenüberschussrechnung für die Steuerung des Unternehmens ist durchaus möglich, sofern ergänzende Informationen genutzt werden können. Sind die Preise je Auftragseinheit bekannt – davon darf ja in der Regel ausgegangen werden –, kann es für die weitere Planung von großem Interesse sein, zu ermitteln, ab wann die Gewinnschwelle (Break Even) erreicht wird.

Hierzu werden die Ausgaben in der Einnahmenüberschussrechnung gegliedert in

- fixe Ausgaben, d. h. Ausgaben, die von der Leistungserstellung unabhängig sind,
- und variable Ausgaben, d. h. Ausgaben, die mit der Leistungserstellung schwanken.

Wichtige betriebswirtschaftliche Zusammenhänge

Grundbegriffe

Einzahlungen	= Barmittel fließen zu
Auszahlungen	= Barmittel fließen ab
Einnahmen	= Zahlungsansprüche entstehen
Ausgaben	= Zahlungsansprüche gehen ab
Erträge	= Wertgewinn an Betriebsvermögen
Aufwände	= Wertverlust an Betriebsvermögen

Umsatz und Gewinn

Umsatz	= Menge x Preis
Gewinn	= Umsatz – Ausgaben
Gewinn vor Steuer	= Umsatz + erstattete Umsatzsteuer – laufende Ausgaben – Abschreibungen – Umsatzsteuer
Gewinn nach Steuer	= Gewinn vor Steuer – Einkommensteuer

Deckungsbeitrag

Deckungsbeitrag	= Umsatz – variable Kosten
Stückdeckungsbeitrag	= Deckungsbeitrag/Stückzahl

Wirtschaftlichkeit und Rentabilität

$$\text{Wirtschaftlichkeit} = \frac{\text{Einnahmen}}{\text{Ausgaben}} \geq 1$$

$$\text{Kapitalrentabilität} = \frac{\text{Gewinn}}{\text{eingesetztes Kapital}} \times 100$$

$$\text{Umsatzrentabilität} = \frac{\text{Gewinn}}{\text{Einnahmen aus Umsatz}} \times 100$$

$$\text{Return on Investment} = \text{Kapitalumschlag} \times \text{Umsatzrentabilität}$$

$$= \frac{\text{Umsatz}}{\text{Kapital}} \times \frac{\text{Gewinn}}{\text{Umsatz}} \times 100$$

Liquidität

$$\text{Liquidität I} = \frac{\text{Bargeld} + \text{Kontoguthaben} + \text{Einzahlungen}}{\text{Auszahlungen}} \geq 1$$

$$\text{Liquidität II} = \frac{\text{Einnahmen}}{\text{Ausgaben}} \geq 1$$

$$\text{Cashflow} = \frac{\text{Gewinn} + \sum \text{Abschreibungen}}{\pm \text{Einlagen/Entnahmen}}$$

Auch wenn es – zumindest beim Angebot von mehreren Produkten – schwierig sein dürfte, bei der Ermittlung der Gewinnschwelle bis auf einzelne Einheiten herunterzurechnen, so kann man doch sehr gut die Differenz von Umsatz und variablen Kosten heranziehen, um einen Deckungsbeitrag zu ermitteln.

Es gilt: Deckungsbeitrag = Umsatz – variable Kosten

Der Stückdeckungsbeitrag ergibt sich dann:
Stückdeckungsbeitrag = Deckungsbeitrag / Stückzahl

Der Deckungsbeitrag sagt aus, inwieweit der Umsatz die fixen Ausgaben abdeckt. Er beinhaltet die variablen Ausgaben, da diese ja nur im Zusammenhang mit dem Umsatz entstehen. Decken die Umsätze alle fixen Ausgaben ab, so wird die Gewinnzone erreicht. In der Logik der Deckungsbeitragsrechnung besteht die Steuerung des Unternehmens im Grunde aus zwei Schritten: Decke zunächst die fixen Ausgaben ab und erwirtschafte dann Gewinn.

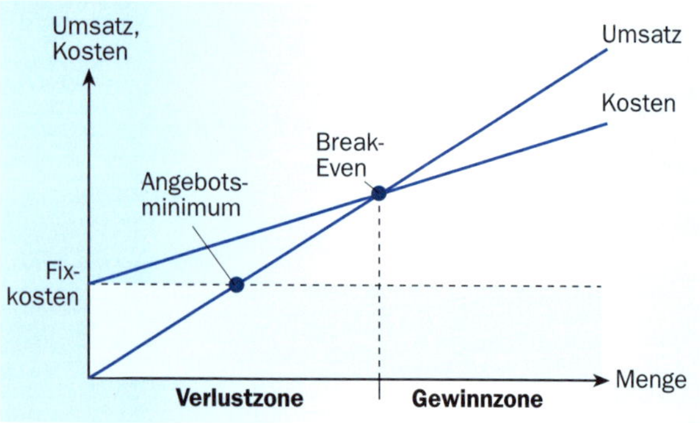

Gewinnschwellenorientierung (Break Even)

Unternehmerisches Ziel muss also sein, die Gewinnzone so schnell wie möglich zu erreichen. Dies wird möglich sein

- durch Erhöhung der Deckungsbeiträge
  - durch Absenkung der variablen Kosten,
  - durch Erhöhung der Preise,
  - durch Erhöhung der Mengen
- durch Absenkung der fixen Kosten.

Wären die Deckungsbeiträge je Einheit bekannt, so könnte eine Mindeststückzahl bestimmt werden. Das ist hier – wie in vielen anderen Fällen auch – mathematisch nicht möglich, da mehrere Produkte angeboten werden. Wird nur ein Produkt angeboten, ist die Errechnung der Gewinnschwelle (Break Even) einfach: Man dividiert die Fixkosten durch den Stückdeckungsbetrag.

Beispiel

Break-Even-Berechnung

Dipl.-Ing. Rudolf Neu

Ausgaben	**fix**	**variabel**
für Personal	13.905,99 €	
für Geschäftsräume	6.000,00 €	
für Verbrauchsmaterial		3.935,25 €
für Dienstleistungen	543,21 €	
für Kfz	3.640,25 €	
für Werbung	2.955,11 €	
für Porto, Telefon	1.555,00 €	
für Zinsen	544,56 €	
Vorsteuer	2.980,61 €	
Summe	**32.124,73 €**	**3.935,25 €**

Jährlich belasten also 32.124,73 € fixe Ausgaben das Budget von R. Neu. Je Beratungsleistung hat er bislang ein Tageshonorar von 750 € in Rechnung gestellt. Insgesamt führte er im Jahr 2005 gut 70 Beratertage à 700 € Honorar durch (= 45.455 € Umsatz). Falls er sich 2006 auf diese Dienstleistung konzentriert, könnte er folgendermaßen seine Gewinnschwelle ermitteln:

Deckungsbeitrag: Umsatz (variable Kosten) =
45.455 € – 3.935,24 € = 41.519,76 €

Stückdeckungsbeitrag: Deckungsbeitrag/Stückzahl =

$$\frac{41.519,76\ €}{70\ \text{Tage}} = 593,14\ €/\text{Tag}$$

Break Even: Fixkosten/Stückdeckungsbeitrag =

$$\frac{32.124,73\ €}{593,14\ €/\text{Tag}} = \text{ca. } 55\ \text{Tage}$$

D. h.: Wenn er mind. 55 Beratungstage zu dem bisher erzielten Honorar verkaufen kann, erreicht er eine vollständige Abdeckung aller fixen Ausgaben. Alle Tage über diese Schwelle hinaus sind für ihn Gewinn, da alle fixen Kosten abgedeckt sind. Für Neu sind die 55 Tage ein wichtiges Zwischenziel, das er so früh wie möglich erreichen will.

Werden zwei oder mehrere Produkte angeboten, so kann der richtige Mengen-/Produktmix nicht errechnet, sondern nur geschätzt werden. In der Praxis vieler kleiner Unternehmen kommt es allerdings auch weniger auf die Mengenplanung an, da diese durch Marktentwicklungen bestimmt ist. Wichtiger ist es, eine genaue Vorstellung von der Gewinnschwelle (Break Even) einzelner Produkte zu haben, denn wenn diese bekannt ist, kann sie als Messlatte aller kurzfristigen unternehmerischen Entscheidungen dienen, so in Hinblick auf:

- Umsätze (Mengen, Preise),
- fixe Ausgaben,
- variable Ausgaben.

Verfügt man über eine gute Datenerfassung und -pflege, so kann das Unternehmen mit noch größerer Genauigkeit gesteuert werden: Während nämlich die Ermittlung von Rentabilitäten und Liquiditäten nur Einzelpunkte herausgreift, können wir bei Kenntnis der Deckungsbeiträge festhalten:

- dass unser Angebotsminimum gerade dort liegen wird, wo ein Deckungsbeitrag von Null entsteht,
- dass wir nie unterhalb dieses Punktes anbieten werden, da dann noch nicht einmal die variablen Ausgaben gedeckt sind,
- dass wir versuchen, so weit wie möglich in die Gewinnzone zu kommen und dort so lange wie möglich zu bleiben (erst wenn beispielsweise durch Preissenkungen oder Nachfragerückgänge der Gewinn wieder auf Null sinken würde, würde das Angebot eingestellt).

Tipp: Planen Sie so genau wie möglich. Das beinhaltet:

- Versuchen Sie für Ihre Angebote einzeln Menge und Preise zusammenzustellen.
- Analysieren Sie, welche Ausgaben fix, welche variabel sind.
- Planen Sie anschließend, wie viel Einheiten Sie anbieten müssen und wie lange es voraussichtlich dauern wird, in die Gewinnzone zu kommen.
- Analysieren Sie weitergehend, ab welchem Punkt ein Angebot Ihrerseits keinen betriebswirtschaftlichen Sinn mehr ergibt.

Ergeben sich Werte oder Zeiträume, die Ihnen unbefriedigend erscheinen, so versuchen Sie, die Parameter herauszufinden, die Sie am einfachsten beeinflussen können.

Derartige Hebel sind beispielsweise

- Preis und Menge,
- variable Ausgaben und Deckungsbeitrag,
- fixe Ausgaben und Gewinn.

Für die weitere Entwicklung der Einnahmenüberschussrechnung zu einem spezifischen Controlling-System für Selbstständige und kleine Unternehmen wird es notwendig sein, weitere Daten anzureichern. Das betrifft zum Beispiel den Kontostand, die Kassenbestände, die Entwicklung des Umlauf- und Anlagevermögens usw. Möchte man Derartiges angehen, ist allerdings die Einnahmenüberschussrechnung an den Grenzen ihrer Möglichkeiten angekommen – ein Übergang zur Bilanzierung erscheint dann naheliegend.

Bleibe liquide und werde rentabel.

So kann man alle vorhergehenden Überlegungen zusammenfassen. Die erfolgreiche Bewältigung wird in jedem Einzelfall eine Herausforderung darstellen. Die Einnahmenüberschussrechnung wird Ihnen gute Hilfestellungen leisten, diese Herausforderung erfolgreich zu meistern.

Auf den Punkt gebracht:

- Das Liquiditätsmanagement ist überlebenswichtig für die selbstständige Existenz, dabei wird genau auf die Einhaltung der den Kunden gewährten Zahlungsfristen geachtet werden müssen.

- Liquidität kann in zweierlei Hinsicht bestimmt werden: einerseits als Ausgleich zwischen Einnahmen und Ausgaben, andererseits als Ausgleich zwischen Einzahlungen und Auszahlungen.

- Berechnet man alternativ den Cashflow, integriert man auch tiefergehende betriebswirtschaftliche Vorgänge wie die Investitionstätigkeit und die damit einhergehenden Abschreibungen.

- Rentabilität heißt, über die notwendige Wirtschaftlichkeit hinaus, das eingesetzte Kapital besser als auf dem üblichen Kapitalmarkt zu verzinsen.

- Eine Risikoprämie für die unternehmerische Tätigkeit muss darüber hinausgehend so hoch sein, dass ein deutlicher Anreiz zur weiteren Arbeit besteht.

- Neben der Kapitalrentabilität bietet die Umsatzrentabilität ein Instrument zum brancheninternen Vergleich.

- Der Return on Investment (ROI) verbindet die beiden Messzahlen.

- Ein dynamische und kurz- wie mittelfristig orientierte Steuerung wird durch die Ermittlung von Deckungsbeiträgen und Gewinnschwellen (Break Even) erleichtert.

4 Serviceteil

4.1 Ausgewählte gesetzliche Grundlagen

EStG § 4: Gewinnbegriff

3.) Steuerpflichtige, die nicht auf Grund gesetzlicher Vorschriften verpflichtet sind, Bücher zu führen und regelmäßig Abschlüsse zu machen, und die auch keine Bücher führen und keine Abschlüsse machen, können als Gewinn den Überschuss der Betriebseinnahmen über die Betriebsausgaben ansetzen. Hierbei scheiden Betriebseinnahmen und Betriebsausgaben aus, die im Namen und für Rechnung eines anderen vereinnahmt und verausgabt werden (durchlaufende Posten). Die Vorschriften über die Absetzung für Abnutzung oder Substanzverringerung sind zu befolgen. Die Anschaffungs- oder Herstellungskosten für nicht abnutzbare Wirtschaftsgüter des Anlagevermögens sind erst im Zeitpunkt der Veräußerung oder Entnahme dieser Wirtschaftsgüter als Betriebsausgaben zu berücksichtigen. Die nicht abnutzbaren Wirtschaftsgüter des Anlagevermögens sind unter Angabe des Tages der Anschaffung oder Herstellung und der Anschaffungs- oder Herstellungskosten oder des an deren Stelle getretenen Werts in besondere, laufend zu führende Verzeichnisse aufzunehmen.

4.) Betriebsausgaben sind die Aufwendungen, die durch den Betrieb veranlasst sind.

EStG § 7g: Sonder- und Ansparabschreibungen

1.) Bei neuen beweglichen Wirtschaftsgütern des Anlagevermögens können unter den Voraussetzungen des Absatzes 2 im Jahr der Anschaffung oder Herstellung und in den vier folgenden Jahren neben den Absetzungen für Abnutzung nach § 7 Abs. 1 oder 2 Sonderabschreibungen bis zu insgesamt 20 vom Hundert der Anschaffungs- oder Herstellungskosten in Anspruch genommen werden.

2.) Die Sonderabschreibungen nach Absatz 1 können nur in Anspruch genommen werden, wenn

1.a) das Betriebsvermögen des Gewerbebetriebs oder des der selbstständigen Arbeit dienenden Betriebs, zu dessen Anlagevermögen das Wirtschaftsgut gehört, zum Schluss des der Anschaffung oder Herstellung des Wirtschaftsguts vorangehenden Wirtschaftsjahrs nicht mehr als 204.517 € beträgt; diese Voraussetzung gilt bei Betrieben, die den Gewinn nach § 4 Abs. 3 ermitteln, als erfüllt;

1.b) [...]

2.a) das Wirtschaftsgut mindestens ein Jahr nach seiner Anschaffung oder Herstellung in einer inländischen Betriebsstätte dieses Betriebs verbleibt und im Jahr der Inanspruchnahme von Sonderabschreibungen im Betrieb des Steuerpflichtigen ausschließlich oder fast ausschließlich betrieblich genutzt wird

3.b) [...]

3.) Steuerpflichtige können für die künftige Anschaffung oder Herstellung eines Wirtschaftsguts im Sinne des Absatzes 1 eine den Gewinn mindernde Rücklage bilden (Ansparabschreibung). Die Rücklage darf 40 vom Hundert der Anschaffungs- oder Herstellungskosten des begünstigten Wirtschaftsguts nicht überschreiten, das der Steuerpflichtige voraussichtlich bis zum Ende des zweiten auf die Bildung der Rücklage folgenden Wirtschaftsjahrs anschaffen oder herstellen wird. Eine Rücklage darf nur gebildet werden, wenn

1. der Steuerpflichtige den Gewinn nach § 4 Abs. 1 oder § 5 ermittelt;
2. der Betrieb am Schluss des Wirtschaftsjahrs, das dem Wirtschaftsjahr der Bildung der Rücklage vorangeht, das in Absatz 2 genannte Größenmerkmal erfüllt;
3. die Bildung und Auflösung der Rücklage in der Buchführung verfolgt werden können [...]

Eine Rücklage kann auch gebildet werden, wenn dadurch ein Verlust entsteht oder sich erhöht. Die am Bilanzstichtag insgesamt nach Satz 1 gebildeten Rücklagen dürfen je Betrieb des Steuerpflichtigen den Betrag von 154.000 € nicht übersteigen.

4.) Sobald für das begünstigte Wirtschaftsgut Abschreibungen vorgenommen werden dürfen, ist die Rücklage in Höhe von 40 vom Hundert der Anschaffungs- oder Herstellungskosten gewinnerhöhend aufzulösen. Ist eine Rücklage am Ende des zweiten auf ihre Bildung folgenden Wirtschaftsjahrs noch vorhanden, so ist sie zu diesem Zeitpunkt gewinnerhöhend aufzulösen.

5.) Soweit die Auflösung einer Rücklage nicht auf Absatz 4 Satz 1 beruht, ist der Gewinn des Wirtschaftsjahrs, in dem die Rücklage aufgelöst wird, für jedes volle Wirtschaftsjahr, in dem die Rücklage bestanden hat, um 6 vom Hundert des aufgelösten Rücklagenbetrags zu erhöhen.

6.) Ermittelt der Steuerpflichtige den Gewinn nach § 4 Abs. 3, so sind die Absätze 3 bis 5 mit Ausnahme von Absatz 3 Nr. 1 mit der Maßgabe entsprechend anzuwenden, dass die Bildung der Rücklage als Betriebsausgabe (Abzug) und ihre Auflösung als Betriebseinnahme (Zuschlag) zu behandeln ist; der Zeitraum zwischen Abzug und Zuschlag gilt als Zeitraum, in dem die Rücklage bestanden hat.

7.) Wird eine Rücklage von einem Existenzgründer im Wirtschaftsjahr der Betriebseröffnung und den fünf folgenden Wirtschaftsjahren (Gründungszeitraum) gebildet, sind die Absätze 3 bis 6 mit der Maßgabe anzuwenden,

   1. dass das begünstigte Wirtschaftsgut vom Steuerpflichtigen voraussichtlich bis zum Ende des fünften auf die Bildung der Rücklage folgenden Wirtschaftsjahrs angeschafft oder hergestellt wird;
   2. der Höchstbetrag in Absatz 3 Satz 5 für im Gründungszeitraum gebildete Rücklagen 307.000 € beträgt und
   3. die Rücklage spätestens am Ende des fünften auf ihre Bildung folgenden Wirtschaftsjahrs gewinnerhöhend aufzulösen ist;

   bei diesen Rücklagen findet Absatz 5 keine Anwendung. Existenzgründer im Sinne des Satzes 1 ist

   1. eine natürliche Person, die innerhalb der letzten fünf Jahre vor dem Wirtschaftsjahr der Betriebseröffnung weder an einer Kapitalgesellschaft unmittelbar oder mittelbar zu mehr als einem Zehntel beteiligt gewesen ist noch Einkünfte im Sinne des § 2 Abs. 1 Nr. 1 bis 3 erzielt hat;
   2. eine Gesellschaft im Sinne des § 15 Abs. 1 Satz 1 Nr. 2, bei der alle Mitunternehmer die Voraussetzungen der Nummer 1 erfüllen. Ist Mitunternehmer eine Gesellschaft im Sinne des § 15 Abs. 1 Satz 1 Nr. 2, gilt Satz 1 für alle an dieser unmittelbar oder mittelbar beteiligten Gesellschafter entsprechend; oder
   3. eine Kapitalgesellschaft im Sinne des § 1 Abs. 1 Nr. 1 des Körperschaftsteuergesetzes, an der nur natürliche Personen beteiligt sind, die die Voraussetzungen der Nummer 1 erfüllen.

   Die Übernahme eines Betriebs im Wege der vorweggenommenen Erbfolge gilt nicht als Existenzgründung; Entsprechendes gilt bei einer Betriebsübernahme im Wege der Auseinandersetzung einer Erbengemeinschaft unmittelbar nach dem Erbfall.

EStR Nr. 16: Einnahmenüberschussrechnung

Anwendungsbereich

1.) Der Steuerpflichtige kann nach § 4 Abs. 3 EStG als Gewinn den Überschuss der Betriebseinnahmen über die Betriebsausgaben ansetzen, wenn er auf Grund gesetzlicher Vorschriften (R 12 Abs. 1 und 2) nicht verpflichtet ist, Bücher zu führen und regelmäßig Abschlüsse zu machen, er dies auch nicht freiwillig tut, und sein Gewinn nicht nach Durchschnittssätzen (§ 13a EStG) zu ermitteln ist. [...]

Zeitliche Erfassung von Betriebseinnahmen und -ausgaben

2.) Bei der Gewinnermittlung nach § 4 Abs. 3 EStG sind die Betriebseinnahmen in dem Wirtschaftsjahr anzusetzen, in dem sie dem Steuerpflichtigen zugeflossen sind, und die Betriebsausgaben in dem Wirtschaftsjahr abzusetzen, in dem sie geleistet worden sind (§ 11 EStG). Das gilt auch für Vorschüsse, Teil- und Abschlagszahlungen. Hat ein Steuerpflichtiger Gelder in fremdem Namen und für fremde Rechnung verausgabt, ohne dass er entsprechende Gelder vereinnahmt, so kann er in dem Wirtschaftsjahr, in dem er nicht mehr mit einer Erstattung der verausgabten Gelder rechnen kann, eine Betriebsausgabe in Höhe des nicht erstatteten Betrags absetzen. Soweit der nicht erstattete Betrag in einem späteren Wirtschaftsjahr erstattet wird, ist er als Betriebseinnahme zu erfassen.

Abnutzbare und nicht abnutzbare Anlagegüter

3.) Zu den Betriebseinnahmen gehören auch die Einnahmen aus der Veräußerung von abnutzbaren und nicht abnutzbaren Anlagegütern sowie vereinnahmte Umsatzsteuerbeträge. Die Anschaffungs- oder Herstellungskosten für Anlagegüter, die der Abnutzung unterliegen, z. B. Einrichtungsgegenstände, Maschinen oder der Praxiswert der freien Berufe, dürfen nur im Wege der AfA auf die Nutzungsdauer des Wirtschaftsguts verteilt werden, sofern nicht die Voraussetzungen des § 6 Abs. 2 EStG vorliegen. Neben den Vorschriften über die AfA und die Absetzung für Substanzverringerung gelten auch die Regelungen über erhöhte Absetzungen und über Sonderabschreibungen. Die Anschaffungs- oder Herstellungskosten oder der an deren Stelle tretende Wert sind bei nicht abnutzbaren Wirtschaftsgütern des Anlagevermögens, z. B. Grund und Boden, Genossenschaftsanteile, Wald einschließlich Erstaufforstung, erst zum Zeitpunkt ihrer Veräußerung oder Entnahme als Betriebsausgaben abzuziehen, soweit die Aufwendungen vor dem 1.1.1971 nicht bereits zum Zeitpunkt der Zahlung abgesetzt worden sind.

4.2 Abschreibungsverzeichnis wichtiger Anlagegüter

Die folgende Tabelle bezieht sich auf Anschaffungen ab dem 1.1.2005. Bis zu einem Einzelwert von 410,00 € können alle Güter sofort abgeschrieben oder aber über ihre Laufzeit verteilt werden. Abgeschrieben wird immer vom Nettobetrag, da ja die Mehrwertsteuer mit der Vorsteuer verrechnet wird.

Anlagegut	Nutzungsdauer	linearer AfA-Satz
Büromaschinen		
Personalcomputer	3 Jahre	33,33 %
Notebooks	3 Jahre	33,33 %
Großrechner	7 Jahre	14,30 %
Foto-, Audio-, Videogeräte	7 Jahre	14,30 %
Peripherie (Drucker, Scanner, Bildschirme)	3 Jahre	33,33 %
Kopierer	7 Jahre	14,30 %
Schreibmaschine	9 Jahre	11,11 %
Fernsprechanlagen	10 Jahre	10,00 %
Mobilfunkgeräte	5 Jahre	20,00 %
Faxgeräte	6 Jahre	16,67 %
Registrierkassen	6 Jahre	16,67 %
Unbewegliche Güter		
Hallen	14 Jahre	7,14 %
Parkplätze	9–19 Jahre	11,11 %–5,26 %
Grünanlagen	15 Jahre	6,67 %

Alle gültigen Werte finden Sie in den „AfA-Tabellen“, abrufbar unter www.bundesfinanzministerium.de oder unter www.herting.biz/service.

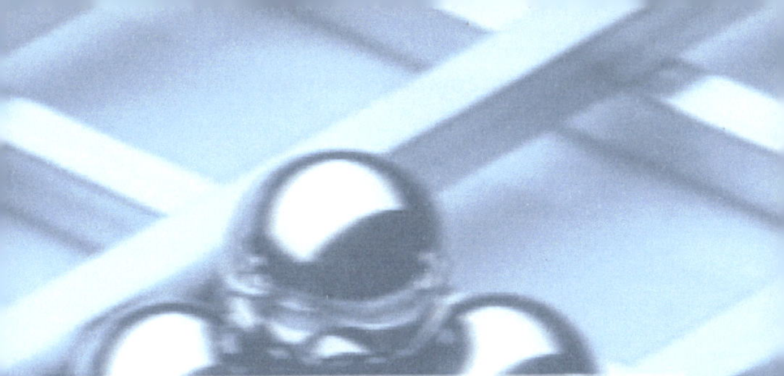

Anlagegut	Nutzungsdauer	linearer AfA-Satz
Büromöbel und -anlagen		
Schreibtische	13 Jahre	7,72 %
Regale etc.	13 Jahre	7,72 %
Verkaufstheken	10 Jahre	10,00 %
Teppich (normal)	8 Jahre	12,50 %
Laborgeräte	13 Jahre	7,72 %
Fahrzeuge		
Pkw	6 Jahre	16,67 %
Motorräder etc.	7 Jahre	14,30 %
Lkw	8 Jahre	12,50 %
Anhänger	11 Jahre	9,10 %
Traktoren	12 Jahre	8,33 %
sonstige (Gabelstapler)	8 Jahre	12,50 %

Bei gebrauchten Gegenständen wird vom Restwert abgeschrieben. Beispiel: Einbringung eines zwei Jahre alten Pkws im ursprünglichen Wert von 30.000 €. Dieser hat nach zwei Jahren einen Restwert von 18.000 € und erzeugt dann während seiner sechsjährigen Regelnutzung eine jährliche Abschreibung in Höhe von $\frac{18.000\,€}{6} = 3.000\,€$.

4.3 Wichtige Internetadressen und Software

Internet

- www.bundesfinanzminsterium.de
  Offizielle Website des Bundesministers der Finanzen

- www.finanzamt.de
  Sammeladresse aller deutschen Finanzämter, mit regionalen Links

- www.elster.de
  Offizielle Download-Seite für die elektronische Steuererklärung

- www.nwb.de
  Fachverlag mit zahlreichen aktuellen Informationen zu aktuellen Steuerrechtslagen

- www.steuernetz.de
  Hervorragende Infoseite rund um Steuern, z. T. kostenpflichtig

- www. stollfuß.de
  Fachverlag mit umfangreichen elektronischen Datenbanken zum Steuerrecht, größtenteils kostenpflichtig

- www.steuer-sparbuch.de
  Die Seite der „Mutter“ aller Steuerprogramme

- http://bundesrecht.juris.de
  Alle deutschen Gesetze, amtlich und kostenlos zum Abruf

- www.abgabenrechner.de
  Zum Nach- und Vorrechnen der Steuerbelastung

Software

- ELSTER – Die elektronische Steuererklärung
  offizielle Erfassungssoftware der Finanzverwaltung

- WiSo-Sparbuch 2004/2005, Buhl Data
  Das Steuerprogramm zur Website, neuerdings auch stärker auf Selbstständige ausgerichtet

- Quick-Steuer 2005, Lexware
  Ein von der Tradition des Hauses mehr auf Selbstständige ausgerichtetetes Programm

- Taxman 2005
  Erweiterte Version von Quick-Steuer

- PC-Kaufmann Freiberufler 2005, Sage KHK
  Einstieg in die professionelle Datenverarbeitung für Selbstständige, verschiedene Versionen, auch für wachsende Unternehmen

- Microsoft Excel
  Standardprogramm, eignet sich auch für die einfache Buchführung; kostenfreie Alternative: CALC, Teil der Office-Suite, OPENOFFICE (abrufbar unter http://de.openoffice.org)

4.4 Abkürzungsverzeichnis

AO	Abgabenordnung
BFH	Bundesfinanzhof
BStBl	Bundessteuerblatt
EStG	Einkommensteuergesetz
EStR	Einkommensteuerrichtlinien
EÜR	Einnahmenüberschussrechnung (auch im Sinne der Anlage EÜR, ab 1.1.2005 zu verwendender amtlicher Vordruck)
GewStG	Gewerbesteuergesetz
GewStR	Gewerbesteuerrichtlinie
LStR	Lohnsteuerrichtlinie
R	Richtlinie
UStG	Umsatzsteuergesetz
UStDV	Umsatzsteuerdurchführungsverordnung

4.5 Stichwortverzeichnis

Anlage 1

11	Steuernummer	77	Zeitraum	Nr. des Betriebes (lfd. Nr.)
Zuordnung Anlage EÜR zu GSE/L 105			Gewerbekennzahl 110	

9915

Einnahmenüberschussrechnung – Anlage EÜR

(Gewinnermittlung nach § 4 Abs. 3 EStG) **für das Kalenderjahr/Wirtschaftsjahr**

Bitte für jeden Betrieb eine gesonderte Anlage EÜR einreichen!

Steuernummer	Name
Art des Betriebs	100

Erläuterung zu den nachfolgenden Bereichen

1. Gewinnermittlung (Zeilen 1 – 57)	Diese Gewinnermittlung ist von Gewerbetreibenden, selbstständig Tätigen, Land- und Forstwirten sowie Körperschaften, Personenvereinigungen und Vermögensmassen auszufüllen.
2. Ergänzende Angaben (Zeilen 58 – 67)	Bitte nur ausfüllen, wenn – Rücklagen/Ansparabschreibungen gebildet oder aufgelöst werden. – Schuldzinsen als Betriebsausgaben geltend gemacht werden.

1. Gewinnermittlung

9920

1	**Betriebseinnahmen**		Euro	Ct
2	Betriebseinnahmen als umsatzsteuerlicher **Kleinunternehmer** (weiter ab Zeile 8)		111	
	Davon aus Umsätzen, die in § 19 Abs. 3 Nr. 1 und Nr. 2 UStG bezeichnet sind	119		
3	Betriebseinnahmen als **Land- und Forstwirt**, soweit die Durchschnittssatzbesteuerung nach § 24 UStG angewandt wird		104	
4	Umsatzsteuerpflichtige Betriebseinnahmen		112	
5	Umsatzsteuerfreie, nicht umsatzsteuerbare Betriebseinnahmen sowie Betriebseinnahmen, für die der Leistungsempfänger die Umsatzsteuer nach § 13 b UStG schuldet		103	
6	Vereinnahmte Umsatzsteuer sowie Umsatzsteuer auf unentgeltliche Wertabgaben		140	
7	Vom Finanzamt erstattete und ggf. verrechnete Umsatzsteuer		141	
8	Veräußerung oder Entnahme von Anlagevermögen		102	
9	Private Kfz-Nutzung		106	
10	Sonstige Sach-, Nutzungs- und Leistungsentnahmen (z.B. private Telefonnutzung)		108	
11	Auflösung von Rücklagen und/oder Ansparabschreibungen (Übertrag von Zeile 63)			
12	**Summe Betriebseinnahmen**		159	

Steuernummer:

Zeile	Betriebsausgaben	Euro	Ct
13	**Betriebsausgaben**	**Euro**	**Ct**
14	Betriebsausgabenpauschale **für bestimmte Berufsgruppen** bzw. Freibetrag nach § 3 Nr. 26 EStG *(weiter ab Zeile 53)*	**190**	
15	Sachliche Bebauungskostenpauschale/Betriebsausgabenpauschale **für Land- und Forstwirte**	**191**	
16	Waren, Rohstoffe und Hilfsstoffe einschl. der Nebenkosten	**100**	
17	Bezogene Leistungen (z.B. Fremdleistungen)	**110**	
18	Ausgaben für eigenes Personal (z.B. Gehälter, Löhne und Versicherungsbeiträge)	**120**	
19	Absetzungen für Abnutzung (AfA) auf unbewegliche Wirtschaftsgüter (ohne AfA für das häusliche Arbeitszimmer)	**136**	
20	AfA auf immaterielle Wirtschaftsgüter (z.B. erworbene Firmen- oder Praxiswerte)	**131**	
21	AfA auf bewegliche Wirtschaftsgüter (z.B. Maschinen, Kfz)	**130**	
22	Sonderabschreibungen nach § 7g Abs. 1 und 2 EStG	**134**	
23	Aufwendungen für geringwertige Wirtschaftsgüter	**132**	

9925

24	Restbuchwert der im Kalenderjahr/Wirtschaftsjahr ausgeschiedenen Anlagegüter			135	
25	Kraftfahrzeugkosten und andere Fahrtkosten				
26	Laufende und feste Kosten (ohne AfA und Zinsen)	140			
27	Enthaltene Kosten aus Zeilen 21, 26 und 37 für Wege zwischen Wohnung und Betriebsstätte –	142			
28	Verbleibender Betrag –>			143	
29	Abziehbare Aufwendungen für Wege zwischen Wohnung und Betriebsstätte			176	
30	Raumkosten und sonstige Grundstücksaufwendungen				
31	Abziehbare Aufwendungen für ein häusliches Arbeitszimmer (einschl. AfA und Schuldzinsen)			172	
32	Miete/Pacht für Geschäftsräume und betrieblich genutzte Grundstücke			150	
33	Aufwendungen für betrieblich genutzte Grundstücke (ohne Schuldzinsen und AfA)			151	
34	Übertrag (Summe Zeilen 14 – 33)				

Steuernummer:

Zeile		nicht abziehbar Euro	Ct	abziehbar Euro	Ct	Euro	Ct
35	Übertrag aus Zeile 34:						
36	Schuldzinsen (§ 4 Abs. 4a EStG)						
37	Finanzierung von Anschaffungs- /Herstellungskosten von Wirtschaftsgütern des Anlagevermögens			178			
38	Übrige Schuldzinsen	167		179			
39	Übrige beschränkt abziehbare Betriebsausgaben (§ 4 Abs. 5 EStG)						
40	Geschenke	164		174			
41	Bewirtung	165		175			
42	Reisekosten, Aufwendungen für doppelte Haushaltsführung			173			
43	Sonstige (z.B. Geldbußen, Repräsentationskosten)	168		176			
44	**Summe Zeilen 37 – 43 (abziehbar) →**						

45	Sonstige unbeschränkt abziehbare Betriebsausgaben für		
46	Porto, Telefon, Büromaterial	192	
47	Fortbildung, Fachliteratur	193	
48	Rechts- und Steuerberatung, Buchführung	194	
49	Übrige Betriebsausgaben	183	
50	Gezahlte Vorsteuerbeträge	185	
51	An das Finanzamt gezahlte und ggf. verrechnete Umsatzsteuer	186	
52	Bildung von Rücklagen und/oder Ansparabschreibungen (Übertrag von Zeile 63)		
53	**Summe Betriebsausgaben**	199	
54	**Ermittlung des Gewinns**		
55	Summe der Betriebseinnahmen (Übertrag aus Zeile 12)		
56	abzüglich Summe der Betriebsausgaben (Übertrag aus Zeile 53)		
57	**Gewinn/Verlust**	119	

Steuernummer:

2. Ergänzende Angaben

Zeile	Rücklagen und Ansparabschreibungen	Bildung Euro	Bildung Ct	Auflösung Euro	Auflösung Ct
58					
59	Rücklagen nach § 6c i.V.m. § 6b EStG, R 35 EStR	187		120	
60	Ansparabschreibungen nach § 7g Abs. 3 – 6 EStG	188		121	
61	Ansparabschreibungen nach § 7g Abs. 7 und 8 EStG	189		122	
62	Gewinnzuschlag nach § 6c i.V.m. § 6b Abs. 7 und 10, § 7g Abs. 5 und 6 EStG			123	
63	Summen	190		124	
64		Übertrag in Zeile 52		Übertrag in Zeile 11	

9927

9929

65	**Entnahmen und Einlagen bei Schuldzinsenabzug**		
66	Entnahmen einschl. Sach-, Leistungs- und Nutzungsentnahmen	122	
67	Einlagen einschl. Sach-, Leistungs- und Nutzungseinlagen	123	

Wichtiger Hinweis:

Alle auf der Internet-Serviceseite des Autors zur Verfügung gestellten Hilfsmittel dürfen für private Zwecke uneingeschränkt genutzt werden. Eine gewerbliche Nutzung ist ausgeschlossen. Alle Hilfsmittel stellen – sofern nicht anders gekennzeichet – geistiges Eigentum des Autors dar. Für Vollständigkeit und inhaltliche Richtigkeit kann keinerlei Haftung übernommen werden, da sich das Steuerrecht in ständigem Wandel befindet. Selbstverständlich strebt der Autor an, alle Hilfsmittel auf aktuellem Stand zu halten.